Hans Jürgen Kratz

ICH MACH DAS JETZT!

Hans Jürgen Kratz

ICH MACH DAS JETZT!

Bibliografische Information der Deutschen Nationalbibliothek
Die Deutsche Nationalbibliothek verzeichnet diese Publikation
in der Deutschen Nationalbibliografie; detaillierte bibliografische
Daten sind im Internet über *http://dnb.dnb.de* abrufbar.

Metropolitan – ein Imprint des Walhalla Fachverlags

2. Auflage 2017
(1. Auflage erschienen unter dem Titel „Aufschieben – Nein danke!")
© Walhalla u. Praetoria Verlag GmbH & Co. KG, Regensburg
Produktion: Walhalla Fachverlag, Regensburg
Umschlaggestaltung: init Kommunikationsdesign, Bad Oeynhausen
Printed in Germany
ISBN 978-3-96186-007-4

Inhalt

Inhalt

Vorwort

Wenn Sie immer wieder Entschuldigungen oder Ausreden finden, warum Sie diese oder jene Aufgabe nicht rechtzeitig erledigen konnten, wenn Sie sich leicht ablenken lassen und planlos an Ihre Arbeit herangehen, wenn Sie Termine nicht einhalten und nur unter Druck Ihren Aufgaben mit der gebotenen Sorgfalt nachkommen, wenn Sie über den Zeitdruck Ihre eigentliche Arbeit aus den Augen verlieren und mutlos und antriebsschwach resignieren, dann ist es fünf Minuten vor zwölf, Ihr Zeit- und Selbstmanagement zu verbessern.

Sie können zwar mit dem Hinweis „Da kann man nichts machen, so bin ich halt" passiv bleiben und weiter vor sich hin arbeiten: „Da kann ich doch nichts ändern ...", „Die Umstände erfordern ...", „Die Situation lässt es nicht zu ...". Die Wahrheit ist aber, dass Sie selbst für Ihr Tun verantwortlich sind. Natürlich können Sie sich verändern. Wer sonst kann Ihr Verhalten ändern, wenn nicht Sie?

Werden Sie aktiv und überdenken Sie Ihre Arbeitsroutinen. Ihr Ziel sollte sein, künftig besser den Herausforderungen des Berufslebens entgegenzutreten, negativen Stress zu reduzieren und die eigene Lebensqualität zu verbessern.

Unsere Ausführungen sollen Sie bei der Bekämpfung von Aufschieberitis – der eigenen sowie der Ihrer Mitarbeiter – unterstützen. Die Therapien zur Verbesserung Ihres Zeit- sowie Selbstmanagements beziehen sich vorrangig auf das Berufsleben, funktionieren selbstverständlich aber auch in vielen anderen Lebenssituationen, so zum Beispiel:

- Vorbereitung auf Prüfungen
- Vorbereitung von Reden, Referaten, Präsentationen
- Anfertigung von Protokollen oder Berichten
- Aufgabenerledigung im Privatleben
- Ehrenamtliche Tätigkeit

Hans-Jürgen Kratz
www.personaltraining-kratz.de

Die Leserinnen werden um Verständnis gebeten, dass ausschließlich zur besseren Lesbarkeit die männliche Form gewählt wurde.

Erfolgreich arbeiten mit diesem Ratgeber

An vielen Stellen werden Sie zu besonders aktiver Mitarbeit aufgefordert. Notieren Sie dort Ihre Überlegungen. Zwingen Sie sich zu schriftlichen Äußerungen. Eine genaue Formulierung trägt dazu bei, dass Sie sich intensiv mit einem Problem auseinandersetzen.

Vermutlich werden einige Informationen aus diesem Buch Sie darin bestätigen, bestimmte Verhaltensweisen zu ändern. Um diese Punkte nicht nur Ihrem „löchrigen Gedächtnis" anzuvertrauen, tragen Sie die beabsichtigten Veränderungen sogleich in die folgende To-do-Liste ein.

To-do-Liste: Tu's gleich!

1 Gründe für das Auftreten von Aufschiebeverhalten

Erledigungsblockaden – eine flächendeckend anzutreffende „Volkskrankheit"

In jüngster Zeit wird häufiger über Prokrastination (lat. pro = für, crastinus = der folgende Tag) berichtet. Damit ist ein kontraproduktives Aufschiebeverhalten gemeint. Ermitteln Sie anhand des nachstehenden Tests, inwieweit Sie gefährdet oder gar schon betroffen sind:

Test: Bewertung des eigenen Aufschiebeverhaltens	Stimmt	Stimmt nicht
Improvisation steht bei mir obenan. Bei Arbeitsbeginn weiß ich noch nicht, was auf mich zukommt. Da bin ich sehr flexibel.	☐	☐
Indem ich zunächst die vielen störenden Kleinigkeiten erledige, bekomme ich den Rücken frei für die wichtigen Aufgaben.	☐	☐
Wenn ich ein schwieriges Problem zu lösen habe, bin ich für Ablenkungen dankbar.	☐	☐
Um mich nicht mit unangenehmen Dingen beschäftigen zu müssen, fallen mir schon plausible Entschuldigungen ein.	☐	☐
Ich schaffe meine Aufgaben nicht immer, so dass ich manchmal Arbeit mit nach Hause nehmen muss.	☐	☐
Erheblicher Druck hilft mir, meine Aufgaben zu erledigen.	☐	☐
Meine Arbeit kommt mir wie ein riesiger Berg vor, der mir Respekt oder Angst einflößt.	☐	☐

Haben Sie mehr als zweimal „stimmt" angekreuzt, dann sind Ihnen Erledigungsblockaden bekannt.

Wollen Sie zusätzliche Hinweise zum Aufschiebeverhalten erhalten, nutzen Sie weitere Test- und Informationsmöglichkeiten:

- Die Universität Münster bietet unter www.arbeitsstoerungen.de einen Online-Test zur Ermittlung Ihrer eigenen Prokrastinationswerte an. Der Fragebogen wird automatisch und anonym ausgewertet und Sie erhalten eine direkte Rückmeldung Ihrer Werte mit entsprechenden Empfehlungen.
- Der Leiter der Zentraleinrichtung „Studienberatung und psychologische Beratung" der Freien Universität Berlin, Hans-Werner Rückert hat den Fragebogen „Sind Sie ein notorischer Aufschieber?" entworfen. Diesen finden Sie auf der Homepage der Studienberatung der FU Berlin (www.fu-berlin.de/studienberatung/prokrastination/selbsttest).
- Der bekannte Experte für Zeitmanagement Professor Lothar J. Seiwert entwickelte mehrere Tests, die auf seiner Homepage www.seiwert.de unter der Rubrik „Time-Management" von Ihnen genutzt werden können.

Aufschiebeverhalten ist ein weit verbreitetes menschliches Phänomen. Der amerikanische Psychologe Joseph Ferrari von der DePaul-University in Chicago ist einer der führenden Forscher auf dem Gebiet der Prokrastination. Er befragte 4.000 Menschen nach ihren Arbeitsmustern und kam zu dem Ergebnis, dass etwa 20 Prozent unter Zeitverschwendung und Aufschubtechniken leiden. In Deutschland schätzt man den Anteil der Personen, die an schwerwiegenden Erledigungsblockaden leiden, auf 15 bis 20 Prozent. Besonders in Studentenkreisen trifft man häufig auf sogenannte Aufschieber. Dies mag damit zusammenhängen, dass Studenten große Freiräume nutzen können und nicht der im Berufsleben üblichen Kontrollverpflichtung von Vorgesetzten ausgesetzt sind. Nach einer repräsentativen Studie der Pädagogischen Hochschule Freiburg, in welcher 736 Studenten befragt wurden, beklagen sechs von zehn Studenten ihr Aufschiebeverhalten.

Dass die Aufschieberitis weit verbreitet ist, kann gut nachvollziehbar an zahlreichen Beispielen festgemacht werden. So wissen beispielsweise Finanzbeamte von vielen Steuerpflichtigen zu berichten, die ihre Steuererklärungen im letzten Moment abgeben. Und am Heiligabend werden viele Einkaufszentren und Fachgeschäfte von Kunden überrannt, die noch auf den letzten Drücker ihre Weihnachtsgeschenke kaufen.

Ob auch Sie gelegentlich dem Aufschiebeverhalten verfallen, können Ihre Antworten auf einige Fragen zeigen:

- Gehen Sie stets termingerecht zu Vorsorgeuntersuchungen?
- Wollten Sie sich nicht schon seit Langem einen Organspendeausweis ausstellen lassen?
- Haben Sie sich um Ihre Altersversorgung gekümmert?
- Was passiert, wenn Sie nicht mehr Ihre eigenen Geschäfte wahrnehmen können – wurde von Ihnen eine Betreuungs- bzw. Patientenverfügung hinterlegt?
- Haben Sie – obwohl Sie kerngesund sind – schon Ihr Testament niedergeschrieben?
- Besorgen Sie rechtzeitig und ohne Hast Geburtstags- und Weihnachtsgeschenke für Verwandte, Bekannte und Freunde?

Ist Ihnen bei der Beschäftigung mit diesen Fragen bewusst geworden, dass auch Sie aufschieben? Falls ja, dann befinden Sie sich in bester Gesellschaft. Nahezu jeder Mensch schiebt ab und zu die Erledigung anstehender Aufgaben vor sich her. Oft wird so versucht, unangenehmen Entscheidungen aus dem Weg zu gehen oder unangenehme Gefühle zu verhindern.

Zumeist bleibt das Aufschiebeverhalten auf wenige Situationen beschränkt und wird durch unser baldiges Handeln aufgelöst. Da die vorgesehene Aktion noch rechtzeitig erledigt wird, sprechen wir in solchen Fällen von einem gelegentlichen Aufschieber.

Problematisch wird es für den notorischen Aufschieber, der seinen Aufgaben nicht nachkommt und diese auf die lange Bank schiebt („des Teufels liebstes Möbelstück"). So verhindert er seinen Erfolg und ist mit sich selbst unzufrieden.

Typische Aussagen von Aufschiebern

Kommt Ihnen der eine oder andere Erklärungs- oder Besänftigungsversuch für das eigene Gewissen bekannt vor?

- „Ich fange gleich an. Aber vorher muss ich noch schnell ...“
- „Mache ich demnächst ...“
- „Wenn ich bloß wüsste, wo ich anfangen soll ...“
- „Momentan bin ich nicht in der richtigen Stimmung, aber nachher ...“
- „Das ist mir jetzt viel zu anstrengend. Am Montag bin ich besser ausgeruht, da sollte es gelingen ...“
- „Besser ist es, morgen zu starten ...“
- „Morgen ist auch noch ein Tag.“
- „Weshalb diese Hektik? Ich habe doch noch alle Zeit der Welt.“
- „Mache ich morgen – versprochen!“
- „Bei dieser unfairen Aufgabenverteilung kann ich beim besten Willen nicht alles schaffen ...“
- „Na, so schnell wird es doch nicht anbrennen ...“
- „Wenn es darauf ankommt, kriege ich es schon in den Griff. Aber es muss ja nicht sofort sein.“
- „Jeder will immer alles sofort haben. Wer bin ich denn? Das kann man mit mir nicht machen ...“
- „Ich mache es, sobald es meine Zeit zulässt ...“
- „Eile mit Weile!“
- „Das bekomme ich heute doch nicht mehr fertig.“
- „Macht mal halblang. So heiß wird nichts gegessen, wie es gekocht wird.“
- „Ich habe einfach keine Lust.“
- „Der Denkende ist niemals der Handelnde!“
- „Heute bin ich nicht so gut drauf. Auf einen Tag mehr oder weniger kommt es jetzt nicht mehr an.“
- „Das kann warten, es gibt Wichtigeres ...“

WICHTIG: Viele Aufschieber sind talentierte Ausredenerfinder und belügen sich durch ihre Ausreden selbst.

In den allermeisten Fällen ist chronisches Aufschiebeverhalten nicht gleichzusetzen mit Willens- oder Entscheidungsschwäche, Sorglosigkeit, Versagen oder Faulheit. Zumeist ist es eine in jahrelanger Praxis perfektionierte schlechte Angewohnheit. Eine Vielzahl unterschiedlicher Gründe kann für eine Erledigungsblockade ursächlich sein. Dementsprechend kann man zwischen dem Typus des Überlastungs-, Verhinderungs-, Verweigerungs-, Erregungs-, Vermeidungs- und Oppositionsaufschieber differenzieren, auf die nun im Einzelnen eingegangen wird.

> Viel Arbeit zieht noch mehr Arbeit an.
> LOTHAR J. SEIWERT

Aufschiebeverhalten als Folge von Überlastung

Klagen über eine zu hohe Beanspruchung durch die Arbeit häufen sich. Aus medizinischer Sicht ist die Zeitknappheit der größte Stressor unserer Tage.

Hinweise wie „Ich habe keine Zeit" oder „Dafür fehlt mir die Zeit" gehören beinahe schon zum guten Ton. Das Gedicht eines unbekannten Verfassers glossiert das Dilemma:

Wie hinter fortgewehten Hüten,
so jagen wir Terminen nach.
Vor lauter Hast und Arbeitswüten
liegt unser Innenleben brach.
Wir tragen Stoppuhren in den Westen,
wir gurgeln abends mit Kaffee,
wir hetzen vom Geschäft zu Festen
und denken stets im Exposé.
Wir rechnen in der Arbeitspause
und rauchen zwanzig pro Termin,
wir kommen meistens nur nach Hause,
um frische Wäsche anzuziehn.
Wir sind tagaus, tagein im Traben
und sitzen kaum beim Essen still.
Wir merken, dass wir Herzen haben,
erst wenn die Pumpe nicht mehr will.

Es macht sich das Gefühl breit, dass die Belastung insbesondere durch Personalabbau und Verdichtung der Arbeit landesweit bis an die Schmerzgrenze gestiegen ist. Dennoch verlangt die moderne Berufswelt ständig steigende Leistung bei immer kürzeren Taktfrequenzen. Aus Angst vor dem Verlust des Arbeitsplatzes nehmen manche Mitarbeiter auf Bitte ihres Vorgesetzten widerspruchslos jede zusätzliche Arbeit an. Es fehlt der Mut, bei einem randvoll ausgefüllten Arbeitsvolumen neue Herausforderungen abzulehnen.

Reagieren Sie nicht mit einer harten Ablehnung, Sie laufen dann Gefahr, sich das Wohlwollen Ihrer Umgebung zu verspielen. Geben Sie stattdessen den Hinweis „Ich bin dazu bereit, aber nur unter der Voraussetzung, dass ..." und versuchen Sie so, an anderer Stelle Aufgaben abzugeben.

In eigenem Interesse sollten Sie sich nicht zu viel Arbeit aufbürden lassen, denn zwangsläufig leidet hierunter Ihre Arbeitsqualität und Sie können kaum mehr gute Ergebnisse erzielen.

Auch der Versuch, mittels Multitasking – mehrere Aufgaben werden gleichzeitig ausgeführt – doch noch rechtzeitig das Arbeitspensum zu schaffen, ist untauglich. Einige Studien beweisen: Menschen sind nicht produktiver, sobald sie mehrere Aufgaben gleichzeitig erledigen. Im Gegenteil, oft werden sie daran gehindert, konzentriert auf ein Ziel hinzuarbeiten. Unser Gehirn arbeitet nämlich sequenziell und nicht parallel. Beim Multitasking muss das Gehirn blitzschnell hin und her schalten. Das ist anstrengend, führt zu Fehlern und auf Dauer zu negativem Stress. Am Ende haben Sie mehr Arbeit, weil Sie Fehler ausbügeln müssen. Besser ist es, wichtige Tätigkeiten zu Ende zu bringen, bevor Sie eine neue Aufgabe angehen und dafür das Fehler erzeugende „To-do-Hoppping" zu verbannen. Zwingen Sie sich dazu, sich auf eine aktuelle Aufgabe zu konzentrieren, statt in Gedanken schon bei der nächsten zu sein. Dieses Prinzip hatte sich bereits der „eiserne Kanzler" Otto von Bismarck zu eigen gemacht: „Ich jage nie zwei Hasen auf einmal."

Arbeitsmediziner und -psychologen berichten verstärkt von Berufstätigen, die ihre Aufgaben trotz einer hohen Motivation und einer effektiven Arbeitsorganisation nicht zeitgerecht in der erforderlichen Qualität bewältigen können und hierunter extrem leiden. Beim Überlastungsaufschieber kommt der Erledigungsblockade eine Pufferfunktion zu und erweist sich vorübergehend als Überlebensstrategie, um nicht vollends in den Aufgaben unterzugehen.

Wird der Überbeanspruchung nicht schnell Einhalt geboten (durch Vorgesetzte, Familie, Hausarzt), kommt es allmählich zu einem Burnout-Syndrom, welches im Extremfall zur Arbeitsunfähigkeit führen kann. Dass es sich hier keinesfalls um ein Randphänomen handelt, verdeutlicht eine Aussage des Psychiaters und Fachmanns für das Burnout-Syndrom Götz Mundle, wonach bei stark beanspruchten Berufsgruppen wie Führungskräften, Ärzten und Lehrern die Gefährdungsquote bei etwa 20 bis 30 Prozent liegt. Symptomatisch für das Ausgebranntsein ist, dass sich der Betroffene am Ende seiner Kräfte wähnt: fortwährend lustlos, schlapp und apathisch. Der Akku ist leer, alle Energie wurde aufgebraucht. Ständig schweifen die Gedanken ab oder man grübelt über unerledigte Aufgaben nach. Das führt häufig dazu, dass man von der Arbeit nicht abschalten kann. Eine körperliche, emotionale und geistige Erschöpfung wird intensiv spürbar:

- Körperliche Erschöpfung: Sie fühlen sich müde, schlaff, abgearbeitet, schwach, ausgelaugt, erledigt, einfach fix und fertig.
- Emotionale Erschöpfung: Sie fühlen sich durch den Kontakt mit anderen Menschen überbeansprucht. Zudem verspüren Sie Niedergeschlagenheit, Hoffnungslosigkeit und Angst.
- Geistige Erschöpfung: Sie fühlen eine negative Einstellung zu Ihrem Selbst, zum eigenen Leben und zu anderen Menschen.

Provozierend kann angemerkt werden, dass sich der Berufstätige selbst in diese Verfassung gebracht hat, die es ihm unmöglich macht, seinen Aufgaben zeitgerecht und erfolgreich nachzukommen. Häufig wurde aus eigenem Antrieb oder wegen fehlender Gegenwehr bei der Übertragung zusätzlicher Aufgaben Raubbau an den physischen und psychischen Ressourcen betrieben. Die Beschleunigung von Arbeitsprozessen und die Erhöhung des Arbeitspensums führen zu einem absehbaren Verschleiß der nicht unendlich auftankbaren Kräfte.

PRAXIS-TIPP:

Bei Burnout-gefährdeten Personen nimmt die Arbeit einen zentralen Platz ein, so dass kaum mehr Zeit für das Privatleben, das Ausruhen und Regenerieren bleibt. Es wird übersehen, dass soziale Kontakte sowie Freizeit- und Entspannungsaktivitäten für den Menschen unverzichtbar sind. Bleiben Spiel und Spaß dauerhaft aus, stellen sich Krankheiten ein. Deshalb wird an Ausgleichsmöglichkeiten wie Sport, Musik oder Hobbys erinnert, um die häufig zitierte Work-Life-Balance zu bewahren oder wieder herzustellen.

Ein berufliches Kürzertreten und bewusst eingestreute schöpferische Pausen sind wärmstens zu empfehlen. Machen Sie sich das betriebsbedingte Ausspannen an Sonn- und Feiertagen zur Pflicht. Im Einzelfall ist eine Neuorientierung notwendig, die mehr Lebenssinn vermittelt. Die bisherige Lebensführung sollte überdacht werden. Dies kann auch mithilfe eines Psychotherapeuten geschehen.

Vorsorglich sollten Sie jeden Tag etwas tun, das einen Ausgleich zu Ihrer Arbeit darstellt. Versuchen Sie, vor oder nach der Arbeit Zeit mit Familie oder Freunden zu verbringen, einem Hobby nachzugehen oder Sport zu treiben. Beschäftigen Sie sich täglich mit Dingen, die Ihnen Freude bereiten.

Aufschiebeverhalten wegen fehlerhafter Selbstorganisation

Während des gesamten Arbeitstags kommen manche Berufstätige kaum zum Durchatmen. Sie sind bemerkenswert fleißig und setzen viel Kraft und Energie für die Aufgabenerledigung ein. Dennoch wachsen ihnen stets aufs Neue die Aktenberge über den Kopf. Trotz ihres hervorragenden Einsatzes schieben diese Verhinderungsaufschieber ständig eine immer größer werdende Bugwelle unerledigter Arbeiten vor sich her. Die Frustration dieser Menschen über ihre unbefriedigende Lage nimmt stetig zu („Muss ich denn hier alles machen? Ich weiß nicht mehr, wo mir der Kopf steht.") und sie können nach einiger Zeit ihrem Arbeitsplatz kaum mehr etwas Positives abgewinnen.

Stünde diesen bedauernswerten Berufstätigen ein qualifizierter Coach zur Seite, hätte er ihnen schon längst die Augen geöffnet: Sie sind aufgrund ihrer fehlerhaften Selbstorganisation Hauptverursacher ihrer problematischen Situation. Mit einer unzulänglichen Selbstorganisation verhindern sie ihren Arbeitserfolg. Es genügt eben nicht, nur ständig beschäftigt zu sein – sehr viel wichtiger ist es, während der Arbeitszeit produktiv und effektiv tätig zu sein.

Gute Selbstorganisation ermöglicht Ihnen ein vorausschauendes und geplantes Handeln, indem Sie zum Beispiel:

- hinderliche Gewohnheiten durchbrechen (Nicht: Da kann man nichts machen.) – Seite 46
- Prioritäten festlegen (Nicht: Alles wird so genommen, wie es kommt, nichts wird bevorzugt.) – siehe Seite 53
- Zeitdieben entgegenwirken (Nicht: Jede Unterbrechung ist willkommen.) – siehe Seite 72

- den Mut aufbringen, auch „nein" zu sagen (Nicht: Ablehnen von Hilfe ist unsozial.) – siehe Seite 76
- Bereitschaft zur Delegation zeigen (Nicht: Delegiere niemals, denn was du selbst machst, ist wirklich gemacht.) – siehe Seite 88
- Ordnung am Arbeitsplatz halten (Nicht: Wer Ordnung hält, ist nur zu faul zum Suchen.) – siehe Seite 98
- den Arbeitstag schriftlich planen (Nicht: Planen bedeutet den Zufall durch den Irrtum zu ersetzen.) – siehe Seite 102

Eine gute Selbstorganisation verschafft Ihnen entspannende Freiheitsmomente. Sie müssen sich nicht ständig im üblichen Trott bewegen, sondern haben Raum für kreative Ideen und spontane Handlungen.

PRAXIS-TIPP:

Wenn Sie sich und Ihre Arbeit organisieren, den Blick für das Wesentliche behalten und Aufgaben nicht aufschieben, haben Sie beste Chancen, rechtzeitig und mit Erfolg Ihre Ziele zu erreichen.

Aufschiebeverhalten wegen Arbeitsunlust

Damit keine Irrtümer auftreten: Erledigungsblockaden sind eher in Ausnahmefällen ein Indiz für Faulheit. Im Regelfall ist der Aufschieber nicht faul, denn er beschäftigt sich ständig mit vielen Dingen, nur nicht mit der ungeliebten Aufgabe, die er vor sich herschiebt. Es werden sogar zusätzliche Arbeiten geleistet, die vernachlässigt werden könnten. Hauptsache, man kann einer unangenehmen Arbeit aus dem Weg gehen. Sollten Sie ein Aufschieber sein, der mit seiner Lebenssituation nicht zufrieden ist, beschäftigen Sie sich mithilfe dieses Ratgebers mit dem Problem Aufschiebeverhalten und beweisen dadurch, dass Faulheit nicht zu Ihren Stärken zählt.

Dennoch: Nicht jeder Berufstätige zeigt am Arbeitsplatz die hoch gelobte deutsche Arbeitstugend Fleiß. Insbesondere bei ungeliebten Aufgaben oder abgelehnten Arbeitsbedingungen lässt sich bei manchen Menschen Unlust erkennen. Sie folgen mit Freuden dem augenzwinkernden Rat von Erich Kästner:

Seht euch vor, bevor ihr schuftet!
Zieht euch keinen Splitter ein!
Wer behauptet, dass Schweiß duftet,
ist, ganz objektiv, ein Schwein.

Vieles tun heißt vieles leiden.
Lebt, so gut es geht, von Luft!
Arbeit lässt sich nicht vermeiden,
doch wer schuftet, ist ein Schuft.

Etliche Arbeitnehmer solidarisieren sich auch mit der platten Aussage des Volksmunds: „Arbeit ist die Würze des Lebens – darf also nur mäßig genossen werden." Vermutlich stimmen Sie auch der Ansicht des Schriftstellers Anatole France zu: „Arbeit ist etwas Unnatürliches. Die Faulheit allein ist göttlich."

Bei dieser Geisteshaltung kann bald der Entschluss reifen, innerlich zu kündigen. Mit der „inneren Kündigung" hat sich der Berufstätige festgelegt, nicht zu kündigen, dem Betrieb die Treue zu halten und künftig als Minimalist zu agieren. Es wird gerade noch so viel geleistet, dass eine Aufkündigung des Arbeitsverhältnisses durch den Arbeitgeber vermieden wird. Fortan betrachtet dieser Verweigerungsaufschieber seine Arbeit als den finanziell bedingten Verzicht auf Freizeit.

Insider schätzen, dass nahezu jeder zweite Mitarbeiter sich von seiner Arbeit und den Zielen des Betriebs mittels einer inneren Kündigung distanziert hat. Man ist körperlich zwar anwesend, hat aber den „inneren Schongang" eingelegt und sich vom Betriebsgeschehen weitgehend abgenabelt. Um arbeitsrechtlich nicht aufzufallen, wird nur noch das unbedingt Notwendige getan.

Die Leistungszurückhaltung bei einer inneren Kündigung wird teils drastisch, teils seriös umschrieben als:

- resignative Zufriedenheit
- Flucht in die Freizeit
- innerer Vorruhestand
- Dienst nach Vorschrift
- bewusster Selbstverzicht auf Engagement und Eigeninitiative

Für den innerlich Gekündigten ist Aufschiebeverhalten eine interessante Methode, sich Arbeit vom Leib zu halten und ausgelastet zu wirken. Der Mitarbeiter beklagt bei dieser Pseudo-Burnout-Strategie ständig wider besseren Wissens sein kaum zu schaffendes Arbeitspensum. So lässt sich unter gebetsmühlenartiger Wiederholung dieser Klage der Eindruck der Überlastung erzeugen. Der bis an seine Grenzen engagiert scheinende Mitarbeiter schafft es trotz aller Bemühungen nicht, die eigenen Aufgaben termingerecht zu erledigen. Bei penetranter Anwendung dieser Strategie kann es sogar gelingen, eine Entlastung von einem Teil der eigenen Arbeit zu erreichen. Eine zusätzliche Aufgabe zu übernehmen, kommt bei diesem ständigen Stress natürlich nicht in Betracht.

Tatsächlich hat sich der Mitarbeiter durch sein Aufschiebeverhalten einen Freiraum erwirkt. Er hofft auf einen wenig anstrengenden Arbeitstag, um ausgeruht in den Feierabend zu starten. Diese Arbeitshaltung kann allerdings nicht vollends befriedigen, denn sie erlaubt weder korrektes Arbeiten noch richtiges Faulenzen und Entspannen.

WICHTIG: Bei genauer Betrachtung erweist sich der innerlich gekündigte Mitarbeiter als Betrüger. Er betrügt den Arbeitgeber um seine Arbeitskraft, für welche er zwar bezahlt wird, die geschuldete Gegenleistung jedoch nicht erbringt. Da es in unserer Gesellschaft kein Recht auf Faulheit gibt, darf sich der in diesem Sinne „geringfügig Arbeitende" nicht beklagen, wenn arbeitsrechtliche Schritte gegen ihn eingeleitet werden.

Vorsätzlich herbeigeführtes Aufschiebeverhalten

Im Berufsleben kursiert immer wieder die Auffassung, dass dem Aufschiebeverhalten positive Aspekte abzugewinnen sind:

„Indem ich im letzten Moment mit der Aufgabenerledigung beginne, setze ich mich bewusst unter Druck. Diesen Druck benötige ich, um alle meine Ressourcen abzurufen, zur Hochform aufzulaufen und beste Ergebnisse zu erzielen. Würde ich 14 Tage früher mit der Aufgabe beginnen, könnte ich keinen sinnvollen Gedanken fassen."

Dieses Statement wird zwar immer wieder gebracht, die Häufigkeit sagt jedoch noch nichts über seine Gültigkeit oder Richtigkeit aus. Fragen wir uns, ob die Vorgehensweise zur Nachahmung animieren sollte oder als untauglich abzulehnen ist.

Tatsächlich soll in kurzer Zeit mit einem immensen persönlichen Aufwand, der auch Überstunden und Wochenendarbeit einschließen kann, viel

Arbeit mit guten Ergebnissen geleistet werden. In Ausnahmefällen mag dies gelingen. Im Regelfall sind die Risiken jedoch so groß, dass vor dieser Vorgehensweise eindringlich zu warnen ist. Folgende Gesichtspunkte sollten Ihnen die Augen vor den Gefahren einer vorsätzlich herbeigeführten Erledigungsblockade öffnen.

Zeitdruck löst Stressmechanismus aus

Indem Sie im letzten Moment mit einer Aufgabe starten, gehen Sie das Risiko ein, das Ziel nicht rechtzeitig zu erreichen. Es fehlt Ihnen ein Zeitpuffer, um Unvorhergesehenes ausgleichen zu können. Mit diesem riskanten Verhalten bewegen Sie sich auf dünnes Eis, denn Murphy's Gesetz besagt: Alles, was schief gehen kann, geht schief. Durch das späte Starten wird der Stressmechanismus aktiviert (siehe Seite 138). Der Körper wird durch das Ausschütten von Hormonen auf ein hohes Stresslevel gebracht. So können Denkblockaden eintreten, in extremen Situationen kann es zu einem plötzlichen Kurzschluss kommen. Denken Sie an Prüfungsteilnehmer, denen bewusst wird, dass die Zeit bis zum Abgabetermin der Arbeit nicht ausreicht. Diese Erkenntnis verstärkt den Stressmechanismus und führt zu einem völligen Blackout.

Eine hohe Konzentration ist nur für kurze Zeit möglich

Unter Zeitdruck wäre höchste Konzentration wünschenswert. Bedauerlicherweise lässt sich diese nicht für eine wichtige oder eine längere Zeitspanne umfassende Arbeit konservieren. Wie aus der Grafik erkennbar, fällt die Konzentrationskurve sehr schnell.

Soll über mehrere Stunden konzentriert und zügig gearbeitet werden, schaltet der menschliche Organismus nach einiger Zeit auf Sparflamme und verschafft sich inoffizielle Pausen – etwa durch eine Raucherpause, umständliches Suchen, längere Blicke aus dem Fenster oder Tagträumereien. Hierdurch gerät der Zeitplan in Verzug und die Zeit läuft unaufhaltsam weiter.

Denken Sie daran: Sie können die Uhr anhalten, nicht aber die Zeit!

Die nachlassende Konzentration führt zu fehlerbehafteten und ineffizienten Arbeitsergebnissen, durch die nochmalige Überprüfung und Überarbeitung geht weitere wertvolle Zeit verloren.

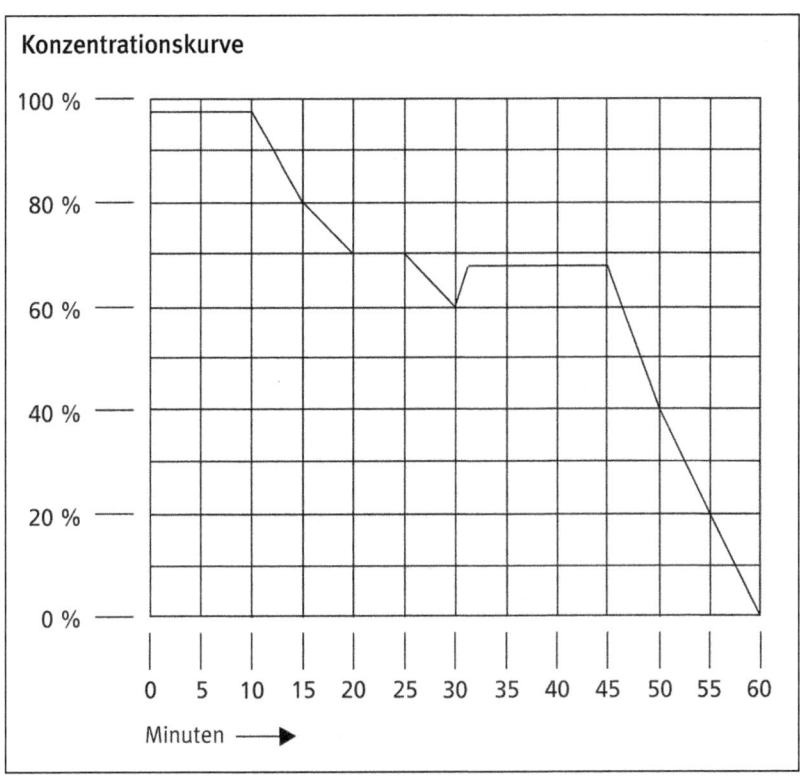

Ständige Belastung macht krank

Die Arbeitsbelastung lässt sich unterschiedlichen Zonen zuordnen:

Komfortzone

Hier ist das normale Alltagsgeschäft („Business as usual") angesagt. Unser Organismus kann sich ohne besondere Belastungsfaktoren der Aufgabenerledigung widmen.

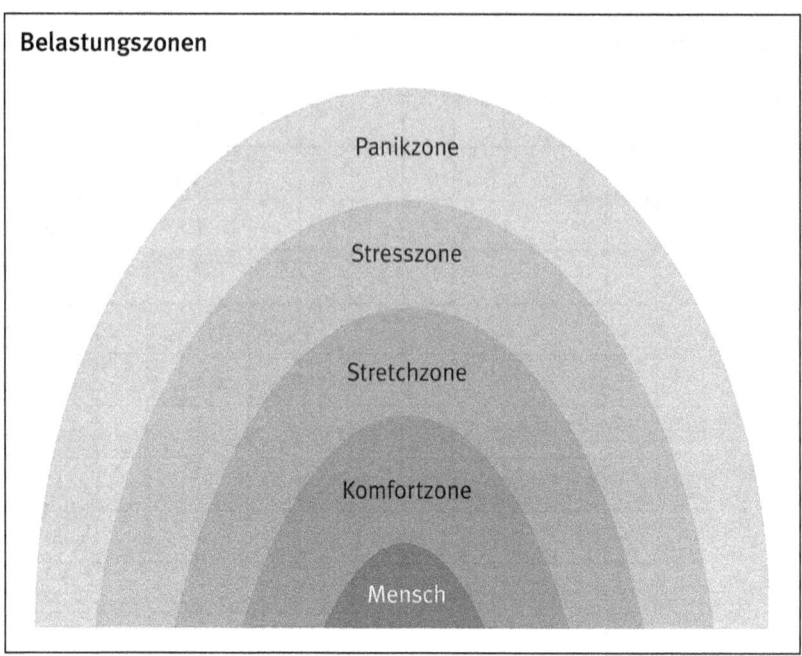

Belastungszonen

Panikzone

Stresszone

Stretchzone

Komfortzone

Mensch

Stretchzone

Gelegentliche Arbeitsspitzen oder besondere Situationen zwingen dazu, vorübergehend die Routine zu verlassen. Das ist zwar unbequem, lässt sich aber ertragen.

Stresszone

Werden Stressfaktoren (unzureichende Arbeitsbedingungen, Zeit- und Termindruck, fehlende Anerkennung, Probleme mit Vorgesetzten, Mitarbeitern oder Kunden, Versagensängste oder Angst um den Arbeitsplatz usw.) zu ständigen Arbeitsbegleitern und finden Sie – da Phasen der Entspannung ausbleiben – nicht mehr zu Ihrem Gleichgewicht zurück, leiden Sie unter negativem Stress (Disstress). Sie fühlen sich ständig gefordert, kommen kaum mehr zum Durchatmen, können nicht mehr abschalten und schaffen trotz verstärkter Bemühungen nur ein geringes Arbeitspensum.

Laut einer Studie der Techniker Krankenkasse empfinden acht von zehn Deutschen ihr Leben als stressig, jeder Dritte leidet unter Dauerstress. Gleich, in welcher Branche gearbeitet wird, der Arbeitsdruck nimmt zu und am Ende steht häufig der Totalausfall.

Panikzone

Der Übergang von der Stress- in die Panikzone ist fließend. Die Grenzen der Belastbarkeit werden permanent überschritten. Unser Körper reagiert panisch auf die Überforderung, gesundheitliche Störungen (z. B. Depressionen, Kreislaufprobleme, Erhöhung des Infarktrisikos oder Anfälligkeit gegenüber Infektionskrankheiten) können auftreten.

Mit dem bewusst geplanten Aufschiebeverhalten wird eine hausgemachte Stresssituation erzeugt. Sie nehmen in Kauf, sich auf den Weg in die Panikzone zu begeben, die Ihnen physisch und psychisch nicht gut bekommt und in einem Burnout enden kann.

Zeitdruck schränkt die Leistungsfähigkeit ein

Vor über 100 Jahren wurde das Yerkes-Dodson-Gesetz formuliert, das heute als allgemeingültige Regel akzeptiert ist. Es besagt, dass die menschliche Leistung bei einer mittleren Erregung die besten Werte erzielt, bei zu geringer und zu hoher Erregung die schlechtesten. Um die optimale Leistungsfähigkeit ausnutzen zu können, ist eine mittlere Aktivierung und ein wenig Druck, um wach zu werden und in Schwung zu kommen, zu begrüßen. Je stärker der Druck jedoch steigt, desto rapider nimmt die Leistungsfähigkeit ab.

Es ist ein Irrglaube, dass durch eine bewusst aufgeschobene Aufgabenerledigung bestmögliche Arbeitsergebnisse bei größtmöglicher Leistungsfähigkeit erreicht werden können. Je höher der Druck ist, umso mehr Fehler schleichen sich ein. Die Stresskurve erreicht unnatürliche Höhen und die psychische sowie physische Belastung steigt.

Das Statement auf Seite 23 kann als Schutzbehauptung von Aufschiebern entlarvt werden, die damit das eigene schlechte Gewissen beruhigen und der Umwelt eine plausible Begründung für ihre Erledigungsblockaden liefern wollen.

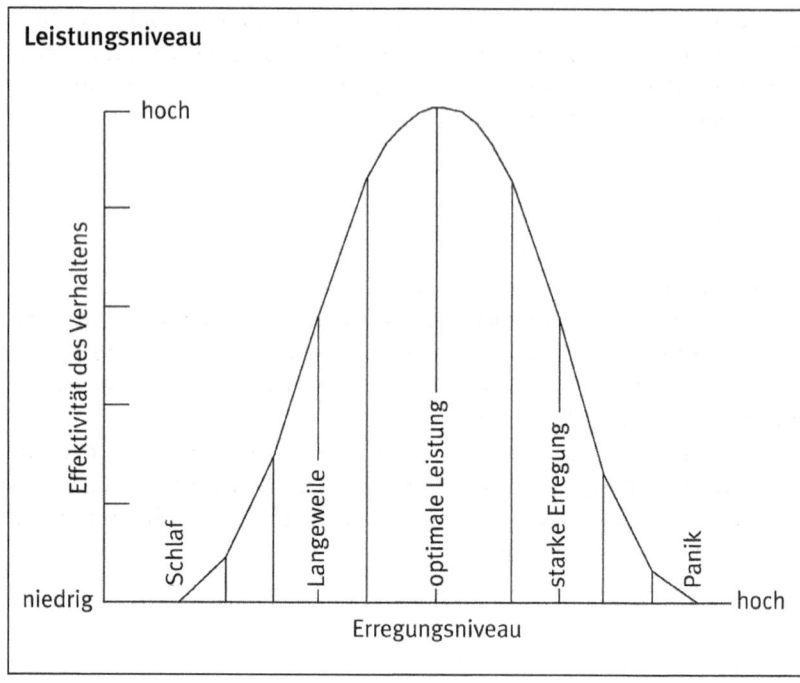

Leistungsniveau

Erregungsaufschieber reagieren erst im letzten Moment und kommen nicht ohne den Kick aus, der durch den Zeitdruck entsteht. Sie schwören Stein und Bein, dass ein früherer Beginn keine zufriedenstellenden Ergebnisse bringt und die Aufgabe deshalb ohne Weiteres noch aufgeschoben werden kann.

Allerdings ist zu bezweifeln, dass diese Aufschieber ihr vorhandenes Potenzial bei einem späten Start voll ausschöpfen. Untersuchungen ergaben: Beginnen Sie regelmäßig frühzeitig mit einer Aufgabe, so erzielen Sie die besseren Ergebnisse.

Nichts in der Welt kann den Menschen sonst
unglücklich machen, als bloß allein die Furcht.
Das Übel, das uns trifft, ist selten oder nie so schlimm,
als das, welches wir befürchten.

FRIEDRICH SCHILLER

Aufschiebeverhalten aus Angst vor Versagen

Mit der Berufsausübung können Ängste verbunden sein:

- Angst vor dem Scheitern bei einem schwierigen Auftrag
- Angst vor betrieblichen Veränderungen
- Angst vor Verantwortung
- Angst vor Blamagen
- Angst, die Erledigungsdauer zu überschreiten
- Angst vor Kritik
- Angst vor den Vorgesetzten

Flößt Ihnen eine Aufgabe Angst ein oder befürchten Sie ernsthafte Probleme bei ihrer Erledigung, reagieren Sie hierauf bitte nicht mit einer speziellen Form des Fluchtverhaltens, indem Sie die Aufgabe endlos aufschieben. Fegen Sie Ihre Ängste sofort beiseite. Diese wirken leistungshemmend und destruktiv, je länger Sie sich mit ihnen beschäftigen. Sprechen Sie sich lieber Mut zu und klopfen Sie sich – bildlich gesprochen – hin und wieder kräftig und anerkennend selbst auf die Schulter.

Stellen Sie sich der Herausforderung und starten Sie mit der Bewältigung einer zunächst als unangenehm eingestuften Aufgabe. Häufig werden Sie feststellen, dass sich das vermutete Angstpotenzial schon nach kurzer Zeit in Luft auflöst. Auch für Sie gilt die Lebensweisheit:

Tue das, wovor Du Dich fürchtest, und die Furcht stirbt einen sicheren Tod.

Sicher waren Sie auch schon einmal in einer derartigen Situation:
- Das Telefonat, das mit einem reklamierenden Kunden zu führen war, kostete Sie im Vorfeld 30 Minuten. In dieser Zeit haben Sie alle Eventualitäten ausführlich durchdacht und sind dabei in Schweiß geraten. De
selbst wurde nach drei Minuten mit einem guten Ergebnis abges

- Sie haben einen Bericht, der sie verunsicherte, tagelang vor sich her geschoben. Nachdem Sie damit begonnen hatten, konnten Sie ihn nach zwei Stunden druckreif abliefern.
- Eine erstmalig vorzutragende Präsentation kostete Sie einige schlaflose Nächte und verursachte viele graue Haare. Aber nach einigen anfänglichen und lampenfiebrigen Sekunden hatten Sie die Situation fest im Griff.

PRAXIS-TIPP:

Der Vermeidungsaufschieber leidet unter Versagensängsten. Um den Leistungsdruck zu vermeiden, verfügt er über diverse Ausreden, mit denen er sein Aufschiebeverhalten kaschiert. Dabei übersieht er, dass das Ausmaß seiner Angst erfahrungsgemäß sinkt, je häufiger er sich Angst einflößenden Situationen stellt und nicht vor seinen – sich bei näherer Betrachtung oft als unbegründet erweisenden – Ängsten davonläuft.

Nehmen Sie unangenehme oder wichtige Arbeiten in Angriff und stellen Sie sich der Situation. Sie werden merken, dass Sie oftmals viel schneller auf eine Lösung stoßen, als Sie anfangs vielleicht gedacht haben.

Sonstige Gründe für Aufschiebeverhalten

In seltenen Fällen kann das Aufschieben positive Auswirkungen haben. Vielleicht bewahrt Sie die Erledigungsblockade vor übereilten Handlungen oder voreiligen Entscheidungen. Auch hat es sich herumgesprochen, dass sich Arbeiten manchmal durch längeres Liegenlassen von selbst erledigen. Diese Erkenntnis wird gelegentlich von Berufstätigen in den Vordergrund gestellt und löst dann Aufschieberitis aus, nach dem Motto: „Bevor ich überhaupt einen Finger krümme, warte ich erst einmal ab, ob ich mir nicht die ganze Arbeit sparen kann." Dabei ist allerdings das Risiko groß, dass sich die Hoffnung des Aufschiebers nicht erfüllt und er in große terminliche Bedrängnis gerät.

Mangelnde Motivation kann Auslöser für Aufschiebeverhalten sein. Wozu soll man sich hoch motiviert in das Arbeitsgeschehen einbringen, wenn der Arbeitsplatz mit seinen Aufgaben beispielsweise

- eintönig ist und überwiegend aus Routine besteht.
- keine Herausforderungen ermöglicht.

- unterfordert oder keine Erfolgserlebnisse vermittelt.
- nicht zur eigenen Fortentwicklung beiträgt.
- verantwortungs- und bedeutungsleer ist.

Mancher Mitarbeiter wird frustrierende Arbeitsbedingungen als Zwang empfinden und die termintreue Aufgabenerledigung nur als lästige Pflicht betrachten, der man sich nach Möglichkeit entzieht. Private oder persönliche Probleme stellen ebenfalls regelmäßig einen eklatanten Störfaktor dar, der zunehmend belastet und die Lebensqualität des Betroffenen vermindert. Ungewollt beschäftigt man sich am Arbeitsplatz immer wieder mit nicht gelösten Problemen, so dass die Konzentration leidet, die Fehlerhäufigkeit ansteigt und Leistungsfähigkeit und -bereitschaft sinken. Sobald Sie keinen klaren Gedanken mehr fassen können oder sich Ihre Gedanken nur noch im Kreis bewegen, bleiben Arbeiten unerledigt liegen und es baut sich ein Stau auf.

Aber auch Mängel in der üblichen Lebensführung können die Tendenz zum Aufschieben verstärken, so zum Beispiel:

- schlechte oder einseitige Ernährung
- Bewegungsmangel
- Schlafdefizite

Bei abgelehnten Arbeitsbedingungen (z. B. schlechtes Gruppenklima, Führungsverhalten des Vorgesetzten) kann von Mitarbeitern praktiziertes Aufschiebeverhalten auch als Zeichen von Opposition verstanden werden. Der Oppositionsaufschieber leistet Widerstand, indem er mit seiner Arbeit kaum von der Stelle kommt und sich nur halbherzig engagiert. So arbeitet er auf „Sparflamme", um dem Unternehmen oder dem Vorgesetzten eins auszuwischen und zu zeigen, dass er nicht das macht, was andere von ihm erwarten. Die Gefahr, sich bei diesem Spiel mit dem Feuer zu verbrennen, wird hier zumeist übersehen.

Wir können nicht umfassend sämtliche Aufschiebeverhalten auslösende Gründe darstellen. Obwohl das Aufschieben in manchen sachlich begründeten Situationen vorteilhaft sein kann (z. B. in einer Konfliktsituation wird zunächst eine Nacht drüber geschlafen, bevor man sich an einen Lösungsversuch wagt), sollten Sie grundsätzlich an eine schnelle Erledigung denken. Denn bei dauerhaften Erledigungsblockaden stellen sich negative Folgen ein, denen Sie sich vermutlich nicht aussetzen wollen.

2 Folgen von Aufschiebeverhalten

Aufschiebeverhalten löst Hektik aus

Vor allem zeitintensive und unangenehme Pflichten erleiden häufig das Schicksal, von einem Tag auf den nächsten verschoben zu werden. Weil sich eine Aufgabe im Regelfall nicht von selbst erledigt, steigt durch das Aufschieben der Angstpegel. Auch der Zeitdruck nimmt zu, so dass Sie sich der Arbeit nicht mehr verweigern können. Nun muss ein Kraftakt her, um im letzten Moment doch noch Ergebnisse liefern zu können. Bei diesem Feuerwehreinsatz kommt es zu einem unnötigen Nervenverschleiß, Hektik tritt ein und Sie sind bereit, Überstunden zu leisten oder am Wochenende zu arbeiten. Oft genug werden dann gerade noch ausreichende Leistungen abgeliefert, mit denen Sie nicht zufrieden sein sollten. Sie wollen gute Arbeit leisten, um sich an dieser zu erfreuen sowie Erfolg und Anerkennung verzeichnen zu können. Wer flüchtig arbeitet, arbeitet zudem zweimal. Die lästige Doppelarbeit stellt einen verschwenderischen Umgang mit wichtigen Ressourcen (Zeit, Nerven, Geld, Materialien) dar.

Auf die nachfolgenden unangenehmen Folgen, die mit Aufschiebeverhalten verbunden sind, können Sie getrost verzichten.

Müde macht uns die Arbeit, die wir liegen lassen,
nicht die, die wir tun.

MARIA VON EBNER-ESCHENBACH

Missstimmungen treten verstärkt auf

Viele Menschen neigen dazu, sich selbst hundert Ausreden aufzutischen, um eine unangenehme oder ungeliebte Arbeit nicht sogleich beginnen zu müssen. Trotz gegenteiliger Erwartungen bewahrheitet sich der Spruch „aus den Augen, aus dem Sinn" in der Regel leider nicht. Unser Gehirn funktioniert nämlich wie ein riesiges Schubladensystem. Eine aufgeschobene oder nicht zum Abschluss gebrachte Aufgabe bewirkt, dass eine Schublade offen bleibt, an der Sie sich stoßen und sich blaue Flecken einhandeln. Je mehr Schubladen offen stehen, umso weniger können Sie sich auf Ihre momentane Arbeit konzentrieren – schließlich müssen Sie ständig darauf achten, nicht wieder schmerzhafte Bekanntschaft mit einer geöffneten Schublade zu machen.

Nach Erkenntnissen von Psychologen der Ohio State University vergisst man unerledigte Aufgaben nicht dauerhaft, sondern befördert diese vorübergehend ins Unterbewusstsein. Dort lauern sie und können immer wieder Missstimmungen auslösen – ohne dass man weiß, woher diese kommen.

Wenn Sie sich immer wieder etwas vornehmen und es dann doch nicht tun, macht sich das Gefühl breit, nichts auf die Reihe zu bekommen. Sie untergraben das Vertrauen zu sich selbst, leiden an Selbstzweifeln und halten sich schließlich für unzuverlässig. Diese Gedankenspirale hat zweifellos negative Folgen für Ihr Selbstwertgefühl.

Am Rande sei erwähnt, dass sich die vorherrschende negative Stimmung nicht förderlich auf das Leistungsverhalten auswirkt. Studien ergaben, dass positive Gefühle die Denkleistung steigern, neue Sichtweisen eröffnen und zu einer Leistungssteigerung von durchschnittlich 20 Prozent beitragen.

PRAXIS-TIPP:

Missstimmungen kommen nicht plötzlich über Sie. Häufig sind sie hausgemacht: Unangenehmes wird durch Hinausschieben noch unangenehmer und verursacht Stress. Bei chronischem Aufschiebeverhalten kann das Gefühl aufkommen, die Kontrolle über die eigene Arbeit und das eigene Leben zu verlieren. Die Motivation nimmt zunehmend Schaden und die Lebensqualität sinkt. Folgen davon sind beispielsweise Depressionen, Drogen- oder Alkoholprobleme.

Ersetzen Sie die Missstimmungen, die durch Aufschiebeverhalten entstehen, durch das Gefühl der Vorfreude auf den Moment, wenn die Arbeit erledigt ist und Ihr Erfolg erkennbar wird.

Die Freude an der Arbeit geht verloren

Bei einem anhaltenden Aufschiebeverhalten vermindert sich stetig die Identifikation mit der eigenen Arbeit (siehe Seite 51). Der Berufstätige kann kaum Erfolgserlebnisse verbuchen, sondern muss kritische Bemerkungen von Vorgesetzten, Kollegen oder Geschäftspartnern über sich ergehen lassen. Seine Sehnsucht nach redlich verdienter positiver Wertschätzung aus der Umwelt wird kaum befriedigt (siehe Seite 129).

Wegen ausbleibender Erfolgserlebnisse empfindet er seine Arbeit zunehmend als ungeliebtes und notwendiges Übel und nimmt eine „freizeitorientierte Schonhaltung" ein:

- „Ich sitze hier meine Zeit ab und blühe nach Feierabend auf."
- „Arbeit ist ein notwendiges Übel, dem man sich leider nicht entziehen kann."
- „Ich wüsste schon etwas Besseres, wie ich meine Zeit nutzen könnte. Aber leider …"

PRAXIS-TIPP:

Fristen Sie an Ihrem Arbeitsplatz ein freudloses Dasein, wird ein großer Teil Ihres Lebens vergeudet. Sie empfinden die Arbeit als lästige Pflicht, Maloche und Tretmühle.

Bei dieser negativen Einstellung erlahmt die Anstrengungsbereitschaft, die Arbeitszeit scheint sich zäh in die Länge zu ziehen und Sie fühlen sich schneller erschöpft. Trotz des vom Arbeitgeber gezahlten Gehalts und der gewährten Sozialleistungen empfinden Sie Ihre Arbeit als modernes Sklavenverhältnis.

Je größer die Demotivation, desto eher werden Sie Arbeiten vor sich herschieben. Es beginnt ein Teufelskreis, den nur Sie selbst durchbrechen können, indem Sie gezielt anfallende oder unangenehme Aufgaben in Angriff nehmen.

Langsamkeit und Aufschieben sind widerlich.

CICERO

Das Image leidet

Aufschiebeverhalten zählt zu den größten Verschwendungsmechanismen in Unternehmen. Gelingt es nicht, die Aufschieberitis in ihre Schranken zu weisen, sind die wirtschaftlichen Folgen auf Dauer gravierend. So werden beispielsweise

- Arbeiten auf den letzten Drücker im Hauruck-Verfahren mit verminderter Arbeitsqualität erledigt.
- Abgabetermine und Zeitvorgaben nicht eingehalten.
- juristisch relevante Fristen überschritten.
- Angebotsabgabe- und Ausschreibungsschlusstermine nicht eingehalten.
- Überstunden vergütet, die bei sofortiger Erledigung nicht notwendig gewesen wären.

Weil niemand weiß, ob Sie die übertragene Arbeit rechtzeitig erledigen oder ob mit einem Scheitern gerechnet werden muss, verkehrt sich schließlich die Ihnen von Vorgesetzten, Kollegen und Kunden entgegengebrachte Wertschätzung ins Gegenteil. Durch den Ansehensverlust betrachtet man Sie als „schwarzes Schaf" oder „unsicheren Kantonisten" und entzieht Ihnen das Vertrauen:

- „Man kann sich auf Sie nicht verlassen."
- „Wenn der etwas machen soll, dauert es ewig."
- „Bis diese Schlaftablette endlich zu Potte kommt, kann man seine Ergebnisse vergessen, da sich zwischenzeitlich die Situation geändert hat."

Können andere Personen ohne Ihre Zuarbeit nicht starten, bauen sich Stress und Frustrationen nicht nur bei Ihnen, sondern auch bei den Kollegen auf, die auf Ihre Vorarbeit angewiesen sind. Geraten dann komplette Arbeitsabläufe ins Stocken, wird man Ihnen als Störungsquelle schnell den Schwarzen Peter mit negativen Folgen anheften.

Für Ihr Wohlbefinden sind positive soziale Kontakte enorm wichtig. Durch die negativen Auswirkungen der Erledigungsblockaden werden diese Kontakte eingeschränkt oder beendet. Auch nehmen Misserfolge zu, finan-

Um das Risiko einer Fehlentscheidung zu vermindern, sollten wichtige Entschlüsse jedoch nicht übereilt gefasst werden. Vorgesetzte sind gut beraten, wenn sie das Potenzial ihrer Mitarbeiter nutzen.

Heutzutage fordern Berater und Wissenschaftler mit unterschiedlichen Schlagwörtern wie „Weisheit der Vielen", „Schwarmintelligenz" oder „partizipative Unternehmenskultur" Führungskräfte dazu auf, ihre Mitarbeiter stärker in Entscheidungen einzubeziehen. So werden Beschlüsse nicht übers Knie gebrochen und es wird die Volksweisheit „Erst denken – dann handeln" beachtet. Bereits vor 1.400 Jahren stellte Benedikt von Nursia eine Regel auf, die im übertragenen Sinne auch in der Gegenwart gültig ist:

Der Abt [heute: Vorgesetzter] soll die Angelegenheit vortragen, den Rat der Brüder [heute: Mitarbeiter] anhören und dann entscheiden.

Sollte sich die Entscheidung als falsch oder fehlerhaft erweisen, enthält die auf den ersten Blick negative Situation durchaus einen positiven Aspekt. Sie lernen aus dem Dilemma und der erkannte Fehler kann künftig vermieden werden. Bedenken Sie, dass sich manche Fehlentscheidungen nachträglich noch revidieren lassen. Diese Variante ist auf jeden Fall besser, als sich vor Entscheidungen zu drücken.

In einem solchen Fall werden andere Menschen für Sie entscheiden. Ihnen als „Entscheidungsvermeider" sind dann die Einflussmöglichkeiten entzogen, Sie können nur noch reagieren.

Checkliste: Strukturieren Sie Ihre Entscheidungsprozesse

1. Problemanalyse
Was ist das Problemfeld? Wer ist beteiligt und welche Interessen haben die Beteiligten? Ergeben sich Interessenkonflikte? Wie kam es zu dem Problem? Was ist vorgefallen? Wo passierte es? Wann ereignete es sich? Welches Ausmaß liegt vor?

2. Zielformulierung
Welche Ziele werden angestrebt? Welcher Zielerreichungsgrad? Welche Zielhorizonte?

3. Handlungsalternativen
Was kann getan werden? Welche Lösungsmöglichkeiten gibt es?

4. **Bewertungsphase**

   Welche ist die relativ richtige Lösung? Welche Auswirkungen oder gar negative Folgen können sich ergeben? Ressourcenverbrauch? Zielerreichung?

5. **Entscheidung und Umsetzung**

   Wie sieht die eigentliche Entscheidung aus? Wie soll nach der konkreten Entscheidung vorgegangen werden? Welche Handlungsprogramme oder Aktionspläne gibt es? Welcher Zeithorizont wird angestrebt?

6. **Ergebnis**

   Wurde das Ziel erreicht?

3 Therapien zur Verbesserung Ihres Zeit- und Selbstmanagements

Aufschiebeverhalten bezwingen

Sich zu ändern ist ein schwieriges Unterfangen. So bleibt es nicht aus, dass viele Menschen ein starkes Beharrungsvermögen zeigen und Veränderungsprozesse nur widerwillig angehen. Vielfach springt ein Aufschieber erst dann über seinen Schatten und nimmt den Kampf gegen Erledigungsblockaden auf, wenn er durch das Tal der Tränen gegangen ist.

Dennoch können die meisten Fälle von Aufschieberitis durch die Anwendung der folgenden Therapievorschläge geheilt werden. Voraussetzung ist aber, dass der Betroffene es wirklich will.

In besonders schwerer Form tritt Aufschiebeverhalten in Kombination mit Versagensängsten und Depressionen auf. Der Aufschieber wird ständig mit dem größer werdenden Berg unerledigter Aufgaben konfrontiert, dem er hilflos gegenübersteht. Da negative Konsequenzen zu erwarten sind, erhöht sich der Druck und die Frustrationen steigen. Hier sollte der Aufschieber professionelle Hilfe in Anspruch nehmen und sich einer Verhaltenstherapie unterziehen – und diese Absicht bitte nicht bis zum Sankt-Nimmerleins-Tag aufschieben.

> Wer neu anfangen will, soll es sofort tun,
> denn eine überwundene Schwierigkeit vermeidet hundert neue.
> KONFUZIUS

Werden Sie aktiv

Gute Vorsätze zur Bekämpfung der Aufschieberitis hatten Sie möglicherweise schon mehrfach – die Erfolge blieben vermutlich aus. Ein mexikanisches Sprichwort besagt: „Der gute Vorsatz ist ein Gaul, der oft gesattelt, aber selten geritten wird". Für Sie ist es jetzt an der Zeit, im eigenen Stall nach dem gesattelten Gaul zu sehen, auf dessen Satteldecke zu lesen ist „Aufschiebeverhalten überwinden!". Dieser Gaul wartet darauf, dass er von Ihnen endlich bis ins Ziel geritten wird.

Sie haben die Wahl zwischen zwei Möglichkeiten:

Sind Sie bisher trotz gelegentlicher Probleme mit der Aufschieberitis einigermaßen zufriedenstellend über die Runden gekommen, lehnen Sie möglicherweise einen Veränderungsbedarf ab: „So bin ich nun einmal. Ich kann nicht anders. Ich bin mir meiner Grenzen wohl bewusst. Bisher habe ich mein Leben auch mit gelegentlichen Hindernissen überstanden, dann werde ich in Zukunft auch noch klarkommen." Mit dieser zur Passivität einladenden Geisteshaltung lassen Sie viele Dinge widerspruchslos über sich ergehen, denn Sie können ja nichts daran ändern. Vielleicht wehren Sie sich auch mit Händen und Füßen gegen eine Verhaltensänderung und sind erst dann zu einem Umschwenken bereit, wenn es nicht mehr anders geht. Der Druck von außen (z. B. finanzielle Nachteile durch fehlende Termintreue, Abmahnung des Arbeitgebers) nimmt in einem Maße zu, dass – der Not gehorchend – das eigene Verhalten den Vorstellungen Dritter angepasst wird. Wegen fehlender Eigenmotivation ist nach Abklingen des Drucks die baldige Rückkehr zur Aufschieberitis allerdings nicht auszuschließen.

Sie können aber auch die folgende Haltung verinnerlichen: Sie wissen, dass Menschen bis zu ihrem Lebensende lernfähig sind. Sie können Veränderungen bewirken und sich anpassen, sie können dazulernen, sie können selbst gezogene Grenzen (eigenes Verhalten, Gewohnheiten, Erfahrungen, Vorurteile) in ihrem Kopf erweitern oder sie überwinden. Voraussetzung hierfür ist, den inneren Schweinehund in seine Schranken zu weisen und Aktivitäten zu zeigen, auch wenn das anstrengend zu werden verspricht. Diese Denkweise ist der erste Schritt in die richtige Richtung. Sie nehmen Ihr Leben selbst in die Hand und haben die Chance, etwas zum Positiven zu verändern, statt sich ohnmächtig und hilflos zu fühlen und dem Druck anderer Menschen ausgesetzt zu sein.

Nehmen Sie die letzte Einstellung an und beginnen Sie an den Punkten zu arbeiten, mit denen Sie sich selbst das Leben schwer machen. Sollen Ihre Verhaltensweisen in eine neue Richtung gelenkt werden, kostet Sie das einige Überwindung und mehrere Wochen Selbstdisziplin. Es ist nicht leicht, die mit einer Veränderung einhergehenden Momente der Unsicherheit (z. B. „Hoffentlich schaffe ich es ...", „Wenn es mir nicht gelingt, wie werde ich dann von den Arbeitskollegen oder Vorgesetzten gesehen?") zu ertragen und alte Gewohnheiten abzulegen. Indem Sie sich aber in vollem Umfang für das eigene Leben verantwortlich fühlen, gewinnen Sie an Selbstvertrauen, Zuversicht und Stolz. Sie haben die gute Chance, sich und allen anderen zu zeigen, dass Sie bereit sind, aus eigenem Antrieb eine Veränderung erfolgreich herbeizuführen.

Mit dem ersten Schritt – er ist der wichtigste und leider auch der schwerste – bringen Sie den Stein ins Rollen. Wer sich etwas vornimmt, muss nach der 72-Stunden-Regel möglichst schnell mit der Umsetzung beginnen. Wird innerhalb von 72 Stunden der erste Schritt gemacht, bestehen gute Erfolgsaussichten, andernfalls sinkt die Chance, dass das Projekt begonnen wird. Je länger Sie eine Aufgabe ruhen lassen, desto kleiner wird die Wahrscheinlichkeit, dass Sie sie überhaupt angehen. Mit Ihrem Abwarten begehen Sie Selbstsabotage. Sie sollten besser mit sich selbst einen Vertrag abschließen, zwischen Ihrem Entschluss und dem Beginn keinesfalls mehr als 72 Stunden verstreichen zu lassen.

PRAXIS-TIPP:

Die Bekämpfung des Aufschiebeverhaltens beginnt mit Ihrer inneren Einstellung. Dabei sind gute Absichten allein wertlos. Sie müssen sich selbst daran messen, was Sie tatsächlich tun. Wenn Sie etwas ändern wollen, müssen Sie sofort aktiv werden und in Bewegung kommen. Anders kann es nicht gelingen!

Der Langsamste, der sein Ziel nicht aus den Augen verliert, geht immer noch schneller als der, der ohne Ziel herumirrt.
GOTTHOLD EPHRAIM LESSING

Formulieren Sie Ihr Ziel

Ernst gemeinte Ziele sind eine Herausforderung und lösen Handlungen aus.

Sie haben sich entschlossen, Ihrer Erledigungsblockade den Kampf anzusagen. Jetzt gilt es, in einem Zielsatz festzulegen, welche Veränderung vorgenommen werden soll. Dieser Vorsatz soll Ihnen in den nächsten Tagen und Wochen stets präsent sein und Sie davor bewahren, Ihr Ziel stiefmütterlich zu betrachten oder aufzugeben.

• „Ich sollte eigentlich mal aktiv werden und die Aufschieberitis eliminieren, denn so wie bisher kann es nicht weitergehen."

Dieses vermeintliche Ziel ist nach der „4-M-Loser-Methode" formuliert: Müsste man mal machen. Eine schwammige Absichtserklärung ist nur wenig geeignet, die Ärmel hochzukrempeln und mit großem Elan zu starten. Im Gegenteil: Ihre Aufschieberitis hat sich erneut durchgesetzt. Mit den drei Weichmachern „sollte", „eigentlich" und „mal" verschieben Sie den Start Ihrer Aktivitäten in eine ferne Zukunft. Sie könnten sich auch gleich allmorgendlich vornehmen „Morgen werde ich mich ändern, gestern wollte ich es heute schon" und so bis zu Ihrem Lebensende dem bisherigen Schlendrian frönen. Mit jedem „Ich müsste …", „Ich sollte …" oder „Ich würde gern …" beeinträchtigen Sie Ihr Wohlbefinden und Ihre Lebensqualität.

- „Ich muss dringend darauf achten, die Aufschieberitis nachhaltig zu eliminieren, damit ich nicht so häufig Ärger bekomme."

  In dieser Aussage liegt ein enormer Zwang. Es klingt nach Druck, Pflicht, Fremdbestimmung, Widerwillen und somit nach einem Vorhaben, das wir nicht gerne oder nur unfreiwillig tun. Für Ihre Selbstmotivierung ist eine solche Formulierung kaum förderlich, die Sie ersatzlos aus Ihrem Gedächtnis streichen sollten.

- „Ich erledige ab sofort sämtliche Aufgaben mit höchster Priorität zuerst, in entspannter Art und Weise."

  Diese positive Aussage hilft Ihnen, sich zu fokussieren, den gewünschten Schwerpunkt zu setzen und sich gut zu fühlen. Nicht der Zwang zum Müssen, sondern die Freiheit des Wollens steht im Vordergrund. Eine Identifikation mit dem formulierten Ziel ist erkennbar. Für künftige Handlungen übernehmen Sie die Verantwortung. Es ist eine Tatsache: Wenn Sie wirklich etwas wollen, entwickeln Sie neue Energie, wachsen über sich hinaus und sind zu erstaunlichen Leistungen fähig.

Denken Sie bei der Formulierung des Ziels nicht an die Hürden, die auf dem Weg stehen, sondern malen Sie sich die positiven Konsequenzen aus:

- Wie frei und unbeschwert Sie sich fühlen, sobald Sie den lästigen Projektbericht innerhalb des vorgesehenen Zeitfensters abgeliefert haben.
- Wie sich Ihre Stimmung hebt, wenn Sie Ihren aufgeräumten Arbeitsplatz sehen.
- Wie stolz Sie auf sich sind, wenn Sie eine wichtige Aufgabe schon Tage vor dem vorgesehenen Erledigungstermin mit Erfolg abgeschlossen haben.

Das alles sind keine unrealistischen Utopien. Das wollen Sie doch, Sie können es auch, Sie schaffen es!

PRAXIS-TIPP:

Akzeptierte Ziele können eine geradezu magnetische Anziehungskraft ausüben. Sobald sich ein Mensch das Erreichen eines Ziels fest vorgenommen hat, entstehen positive innere Spannungen, die eine erfolgreiche Bewältigung dieser Aufgabe fördern. In dieser Verfassung kann der Mensch leichter Schranken und Hemmungen beseitigen, die dem Erfolg entgegenwirken.

Setzen Sie sich nun Ihr Ziel! Achten Sie auf eine positive, präzise und unmissverständliche Formulierung. Das Festlegen von Teilzielen wird in einem späteren Schritt – siehe Seite 66 – behandelt.

_____

_____

_____

_____

_____

_____

_____

_____

_____

PRAXIS-TIPP:

Ohne ein konkretes Ziel ist ein konsequentes Handeln kaum vorstellbar. Dann wird die Halbherzigkeit zu Ihrem größten Feind. Bündeln Sie Ihre Energien für konkrete Handlungen. Der Zielsatz hat eine motivierende Anziehungskraft und hilft Ihnen, Ihr Ziel nicht aus den Augen zu verlieren und vermeintliche oder tatsächliche Hürden zu überwinden.

Gewohnheiten sind zunächst Spinnweben,
später Drähte.
SPANISCHES SPRICHWORT

Durchbrechen Sie Gewohnheiten

Mancher Aufschieber kennt die von Eugen Roth in dem Gedicht „Der Termin" beschriebene Situation nur zu gut:

> *Ein Mensch, der sich, weils weit noch hin,*
> *festlegen ließ auf den Termin,*
> *sieht jetzt, indes die Wochen schmelzen,*
> *die schwere Last sich näher wälzen.*
> *Er sucht nach Gründen, abzusagen,*
> *er träumt, noch in den letzten Tagen,*
> *wie einst als Schulbub, zu entwischen:*
> *Ein schwerer Unfall käm dazwischen ...*
> *Umsonst – es bleibt ein leerer Wahn:*
> *Der schicksalsvolle Tag bricht an! –*
> *Und geht dann doch vorüber, gnädig.*
> *Der Mensch ist froh, der Sorgen ledig.*
> *Er schwört, er hab daraus gelernt –*
> *Doch wie sich Tag um Tag entfernt,*
> *hat Angst und Qualen er vergessen –*
> *Und lässt sich unversehens pressen*
> *zu noch viel scheußlicherm Termin –*
> *Denn es ist weit und weit noch hin.*

Dem in diesem Gedicht beschriebenen Menschen sind die Probleme bewusst, die aus seinem Aufschiebeverhalten resultieren. Obwohl er sich vornimmt, die Konsequenzen zu ziehen und sich zu ändern, verfällt er wieder in seine bisher praktizierte Verhaltensweise.

Trotz besseren Wissens ist der Mensch oftmals nicht in der Lage, angestrebte Veränderungen zu vollziehen. Was mag der Grund für dieses Beharrungsvermögen sein?

Menschen sind Gewohnheitstiere. Sie haben bestimmte Reaktions- und Verhaltensweisen entwickelt, die in gleichartigen Situationen zu identischen Handlungen führen. Tritt eine entsprechende Situation ein, greift das Gehirn blitzschnell auf frühere Reaktionsweisen zurück und spult diese nahezu automatisch ab, wobei die Suche nach Alternativen unterbleibt. Je häufiger diese Handlungen vorgenommen werden, umso weniger werden sie auf ihre Gültigkeit oder Richtigkeit überprüft.

Selbst wenn Sie wissen, dass eine Gewohnheit kontraproduktiv wirkt, ist es oft einfacher und bequemer, das gewohnte Verhalten beizubehalten, als es auf den Prüfstand zu stellen und zu revidieren. Auf ausgetretenen Pfaden läuft es sich besser, so dass die Suche nach kürzeren und weniger beschwerlichen Wegen unterbleibt.

Sich an neue Situationen erfolgreich anpassen und Gewohnheiten verändern zu können, gehört zum menschlichen Erbgut. Diese Anpassungsmöglichkeiten bewirkten, dass sich die Spezies Mensch auf unserem Erdball durchsetzen konnte. Ob Sie die Chance zur Veränderung oder Verbesserung nutzen und unabhängig von Dritten Ihr Schicksal selbst in die Hand nehmen, bleibt allerdings Ihnen selbst überlassen.

Sobald Sie fest entschlossen sind, mit der Gewohnheit des Aufschiebeverhaltens zu brechen und eigenes Verhalten auf Dauer zu ändern, müssen Sie Durchhaltevermögen zeigen. Verhaltensmuster, die Sie jahrelang praktiziert haben, lassen sich nicht sogleich aufbrechen und umändern. Aus einem undisziplinierten, unorganisierten Aufschieber kann nicht im Handumdrehen ein strukturierter Ich-erledige-alles-sofort-Profi werden. Ein neues Verhalten muss von Ihnen eingeübt werden – als Richtwert wird von Experten ein Zeitraum von mindestens 21 Tagen empfohlen. Dieser Zeitraum ist einerseits überschaubar, zugleich aber so lange, dass sich eine neue Gewohnheit aufbauen kann. Damit sich die neue Gewohnheit felsenfest etablieren kann, sollten Sie – falls Ihre Skepsis Ihnen keine Ruhe gibt – noch einige Tage zugeben. Das Neue wird Ihnen nun als Selbstverständlichkeit erscheinen und Ihnen leicht von der Hand gehen.

Aber seien Sie wachsam: Am Anfang sind Sie voller Elan und ziehen das neue Verhalten willensstark durch. Aber schon nach kurzer Zeit verpasst das noch etwas „unrunde" Verhalten Ihrem Tatendrang einen Dämpfer und Sie beginnen unbewusst, Ihre bisherige Gewohnheit zu verteidigen:

- Plötzlich ist Ihr Vorhaben nicht mehr so wichtig, es melden sich Killerphrasen wie „So habe ich es noch nie gemacht" oder „So habe ich es doch immer schon gemacht".
- Die neuen guten Absichten werden in Zweifel gezogen. („Andere haben gut reden, die kennen meine besondere Situation überhaupt nicht ...").

- Es tauchen viele Gründe auf, die anvisierte Verhaltensänderung aufzuschieben: Es kommt zum Beispiel etwas dazwischen oder es fehlt an Ruhe und Ausgeglichenheit, um sich intensiv auf das neue Verhalten einzustellen.

Sie sind auf dem besten Wege, sich selbst auszutricksen. Sind Sie jetzt nicht auf der Hut, bleibt alles beim Alten. Bei einem unbelehrbaren Gewohnheitstier würde auf die mentale Frühjahrsmüdigkeit die lähmende Sommerschlaffheit folgen, abgelöst von der lang ersehnten Herbstdepression, an die sich dann der beruhigende Winterschlaf nahtlos anschlösse.

Seien Sie deshalb wachsam! Fallen Sie nicht in Ihr gewohntes Verhalten zurück. Schieben Sie negative Gedanken sogleich beiseite, indem Sie ein nachdrückliches „Stopp" aussprechen und Ihre Willensstärke und ungeteilte Aufmerksamkeit mit ganzer Kraft auf das zu verändernde Verhalten richten. Machen Sie sich täglich klar, welche Vorteile sich für Sie einstellen, sobald die Erledigungsblockaden besiegt sind.

Halten Sie die von Ihnen erwarteten Pluspunkte schriftlich fest, dann können Sie sich diese in einem Moment der Schwäche oder Unentschlossenheit wieder vorhalten.

Kopieren Sie Ihre fertige Liste und tragen Sie das Duplikat zum Nachlesen und zu Ihrer moralischen Unterstützung stets bei sich.

Sollten Sie trotz Ihrer guten Vorsätze vom Pfad der Tugend abgekommen sein, ist die Gefahr eines dauerhaften Rückfalls in alte Gewohnheiten besonders groß. Statt nun entmutigt aufzugeben, vergegenwärtigen Sie sich, dass Sie gelegentlich hinfallen können, aber das Aufstehen nicht vergessen dürfen. Zeigen Sie Willensstärke und bleiben Sie weiter am Ball nach dem Motto: „Jetzt erst recht!"

Pluspunkte, die mit der Heilung von Aufschieberitis verbunden sind

Sie werden

- trotz einer Vielzahl von Aufgaben Ihren Arbeitstag im Griff haben.

- sich in Ihrer Haut wohler fühlen.

- seltener ein schlechtes Gewissen wegen unerledigter Arbeiten haben.

- Phasen der Entspannung besser genießen können.

- positiver über Ihre Arbeit und Ihr berufliches Umfeld denken.

- den Eindruck gewinnen, über mehr Zeit zu verfügen.

- auf sich stolz sein, weil Sie Ihre Aufgaben zeitnah erledigen.

- sich durch die Arbeit viel seltener unter Druck gesetzt fühlen.

- Ihr Leben unbeschwerter genießen können.

- Ihre Zusagen/Versprechungen einhalten.

- den Stress reduzieren, weil Sie kaum noch etwas auf den letzten Drücker erledigen müssen.

- produktiver und effektiver arbeiten.

- von Ihren Mitmenschen mit einem erhöhten Vertrauen belohnt, weil alle wissen, dass man sich auf Sie verlassen kann.

Erinnern Sie sich immer wieder an Ihren guten Vorsatz, indem Sie auf einem DIN A4-Blatt in großer Schrift einen Merksatz ausdrucken, zum Beispiel „Wenn nicht jetzt – wann sonst?" oder „Der beste Tag ist heute!".

Legen oder heften Sie dieses Blatt an eine Stelle, auf die immer wieder Ihr Blick fällt.

Indem Dritte Ihren Vorsatz bemerken, setzen Sie sich unter sozialen Druck. Was spricht dagegen, Ihr Vorhaben den Kollegen zu verkünden und Wetten abzuschließen, dass Sie die Aufschieberitis innerhalb von 30 Tagen besiegt haben werden? Auch können Sie sich zu einer selbst gewählten Strafe verpflichten, falls Sie sich wieder beim Aufschieben erwischen lassen. Damit bleibt Ihnen ein Hintertürchen verwehrt und Sie nehmen sich noch stärker in die Pflicht. Denn die Aussicht auf eine Blamage wird Sie motivieren, am Ball zu bleiben. Andere Menschen in Ihr Vorhaben einzuweihen, stellt ein gutes Indiz dar, wie sehr Sie sich dem gestarteten Veränderungsprozess verschrieben haben.

Vergessen Sie zudem nicht die kleinen Belohnungen zwischendurch (siehe Seite 71), mit denen Sie sich bei Laune halten und den Spaßfaktor steigern.

Steht Ihnen ein Wandkalender (je größer, desto besser) zur Verfügung, markieren Sie jeden Tag, an welchem Sie Ihre Vorsätze tatsächlich umgesetzt haben. Damit machen Sie Ihren bisherigen Erfolg sichtbar. Das wird Sie beflügeln, denn nichts ist so motivierend wie der Erfolg.

Zum Schluss die wichtigste Empfehlung: Glauben Sie an sich und daran, dass Sie alte Gewohnheiten ändern können. Negative Gedanken ignorieren Sie und ersetzen diese durch positive.

PRAXIS-TIPP:

Wenn Sie mit der alten Gewohnheit des Aufschiebens brechen und durch die neue Gewohnheit des baldigen Erledigens ersetzen, laufen die gewünschten neuen Verhaltensweisen nach einer Übergangsphase automatisch ab, und Sie müssen nicht immer wieder anstrengende Anfangswiderstände überwinden.

Merksätze für Ihre positive Autosuggestion

Mit den folgenden Aussagen können Sie sich immer wieder auf Ihr Ziel einstimmen:

- „Wenn ich etwas anfange, bringe ich es auch zu einem guten Ende!"
- „Aufhören ist für mich keine Option!"
- „Was andere können, gelingt mir auch!"
- „Ich habe in meinem Leben schon viele Erfolge erarbeitet. Jetzt werde ich auch die Aufschieberitis besiegen!"
- „Ich bleibe hellwach und ersticke Zweifel im Keim. Ich will es und ich kann es!"
- „Ich überwinde bisherige Grenzen, auch wenn es nicht leicht ist. Aber ich tue es dennoch und schaffe es!"

- „Ich werde die Aufschieberitis besiegen – heute, morgen und übermorgen, bis ich dauerhaft dieses Ziel erreicht habe!"
- „Bald bin ich nicht mehr Marionette meiner alten Gewohnheit und freue mich jetzt schon auf diesen Moment!"
- „Alle Dinge im Leben sind schwer, bevor sie leicht werden!"
- „Ich will es, ich kann es, ich schaffe es!"

> Suche Dir eine Arbeit, die Dir Freude bereitet,
> und Du musst keinen Tag Deines Lebens arbeiten.
>
> KONFUZIUS

Identifizieren Sie sich mit Ihrer Tätigkeit

Der „Bazillus Aufschieberitis" ist wählerisch. Vor bestimmten Aufgaben und Arbeiten nimmt er sogleich Reißaus. Das sind die Tätigkeiten, die Ihnen ein hohes Maß an Bedürfnisbefriedigung vermitteln und Sie motivieren, Ihr gesamtes Potenzial für die Aufgabenerledigung einzubringen. Denken Sie an die vielen Menschen, die aus Freude an der Arbeit Erstaunliches leisten, wobei es gelegentlich zur Selbstausbeutung bis hin zu totaler Erschöpfung kommt. Betrachten Sie auch viele Freizeitaktivitäten, bei denen persönliche Opfer gebracht, Mittel investiert und unangenehme Begleiterscheinungen in Kauf genommen werden.

Das Gefühl, eine anspruchsvolle und herausfordernde Aufgabe bewältigt zu haben, verschafft dem Menschen ein Flow-Erlebnis. Unter Flow versteht man die Erfahrung, völlig in einer Tätigkeit aufzugehen und dabei ein besonderes Glücksgefühl des Gelingens zu erleben. Kommt es häufiger zu einem Flow-Erlebnis, wird aus Ihrem Job eine Leidenschaft, die Ihnen Spaß und Freude bereitet. Es ist sehr unwahrscheinlich, dass Sie dann Arbeiten aufschieben, die Sie wirklich gern erledigen wollen.

Aufschiebeverhalten benötigt zum Gedeihen ein anderes Umfeld. Sehr anfällig sind Berufstätige, welche die „Ich-tue-hier-nur-meinen-Job-Philosophie" verinnerlicht haben. Diese machen als Minimalisten – häufig halbherzig, mürrisch und widerwillig – zwar, was von ihnen verlangt wird, aber auch keinen Handschlag mehr. Arbeitsfreude sowie die Verantwortung für die Aufgabenerledigung tendieren gegen Null. So bleibt nicht aus, dass viele berufliche Verpflichtungen als U-Aufgaben (unangenehm, unerfreulich, unbequem, unbeliebt, unbefriedigend usw.) empfunden werden. Dies ist der Nährboden, auf dem der Bazillus Aufschieberitis beste Umweltbedingungen vorfindet und sich sogleich einnistet. Wer seine Tätigkeit ausschließlich als Mittel zum Zweck betrachtet, sollte seine Einstellung überdenken. Sie sollten sich zu nichts zwingen, sondern sich bewusst machen, dass Sie die Arbeit selbst gewählt haben. Erkennen Sie die positiven Facetten Ihres Berufes und identifizieren sich Schritt für Schritt mit Ihren Aufgaben, dann können Sie nur gewinnen.

- Die Arbeit bringt mehr Freude und wird nicht mehr als notwendiges Übel, Fron oder Maloche empfunden.
- Belastungen erweisen sich nicht länger als extrem anstrengend.
- Mit dem Ansteigen der Identifikation gehen krankheitsbedingte Abwesenheiten zurück.
- Es stellen sich Erfolgserlebnisse ein, die zu einer verstärkten Motivation führen.
- Der Umgang mit stressigen Situationen fällt leichter, weil sie eher als Ansporn und weniger als Belastung empfunden werden. Die Arbeitszufriedenheit gilt nicht umsonst als einer der wichtigsten Stresspuffer.
- Letztendlich wird die Wahrscheinlichkeit größer, dass die Lebensqualität steigt und ein ausgefülltes bzw. erfülltes Leben geführt wird.

Können Sie jedoch an Ihrem momentanen Job keine guten Seiten entdecken, sollten Sie nach einer neuen beruflichen Perspektive suchen und eine Neuorientierung in Erwägung ziehen.

PRAXIS-TIPP:

Bereitet Ihnen die Arbeit Freude und gehen Sie in Ihren Aufgaben auf, werden auch Ihre Arbeitsergebnisse zufriedenstellend sein. Das Erleben von Anerkennung, Erfolg, Selbstbestätigung und Selbstverwirklichung beflügelt und lässt Sie Schwierigkeiten überwinden, denn „wo ein Wille ist, ist auch ein Weg". Solange Sie das Aufschiebeverhalten beibehalten, gehen Sie diesen positiven Werten aus dem Weg und bestrafen sich damit letztlich selbst.

Das Wichtigste bedenkt man nie genug.

JOHANN WOLFGANG VON GOETHE

Legen Sie Prioritäten fest

Zeit ist das einzige Gut, das unter den Menschen gleich verteilt ist. Jeder Mensch verfügt über die gleiche Zeitmenge. Ob Ihre Zeit ausreicht, ist keine Frage der Menge, sondern eine Frage der Prioritäten, sie zu nutzen. Im Beruf ist in der Regel eine Vielzahl unterschiedlicher Aufgaben zu lösen. Hierbei kommt es darauf an, die richtigen Dinge zu tun, statt (nur) Dinge richtig zu tun. Um die erforderliche Zeit für die richtigen Dinge zu haben, ist es von großer Bedeutung, Prioritäten zu setzen.

Auch Sie haben vielleicht Ihre ganz spezielle Methode entwickelt, in welcher Reihenfolge Sie Ihre Arbeiten erledigen:

- Zuerst werden die Aufgaben bearbeitet, die Spaß und Freude vermitteln.
- Zuerst werden die einfach erscheinenden unproblematischen Aufgaben erledigt.
- Sämtliche Aufgaben werden in der Reihenfolge bearbeitet, wie sie an den Berufstätigen herangetragen werden.

Nun ist zu fragen, ob diese auf persönlichen Neigungen beruhenden Vorgehensweisen besonders effektiv sind. Oder ermöglicht Ihnen eine weitere Variante der Prioritätensetzung einen optimierten Umgang mit Ihrer Zeit?

Das Pareto-Prinzip

Der italienische Volkswirtschaftler Vilfredo Pareto beschrieb im 19. Jahrhundert erstmals eine Gesetzmäßigkeit, wonach aufgrund einer statistischen Untersuchung 20 Prozent der Bevölkerung 80 Prozent des Volksvermögens besitzen. Dieser als Pareto-Prinzip (20:80-Regel) bezeichnete Sachverhalt wird auch an folgenden Beispielen sichtbar:

Pareto-Prinzip

20 % der Besprechungszeit bewirken	80 % der Beschlüsse
20 % der Waren bringen	80 % des Umsatzes
20 % der Zeitung enthalten	80 % der Nachrichten
20 % der Produkte erzeugen	80 % der Fertigungskosten
20 % der Mitarbeiter verursachen	80 % der Fehltage

Das Verhältnis 20:80 trifft nicht immer punktgenau zu. In fast allen Fällen findet sich jedoch eine Annäherung an dieses Verhältnis. Übertragen auf unsere Arbeitssituation besagt das Pareto-Prinzip, dass 20 Prozent der Arbeiten 80 Prozent des Arbeitserfolgs ermöglichen. Somit bringen nur 20 Prozent der aufgewendeten Zeit schon 80 Prozent der Leistungsergebnisse.

Da Sie bereits mit den ersten 20 Prozent der investierten Zeit (Input) 80 Prozent der Gesamtleistung (Output) erbringen, müssen wir folgerichtig herausfinden, welche Aufgaben Ihre Erfolgsverursacher sind, die Sie dann mit der höchsten Priorität versehen.

Die ABC-Analyse

Um einen Überblick über Ihre Aufgaben zu erhalten, hilft Ihnen die ABC-Analyse. Teilen Sie Ihre verschiedenen Einzelaufgaben in drei Klassen auf, und zwar nach deren Bedeutung für das Erreichen Ihrer Ziele.

A-Aufgaben:
Ihre wichtigsten, schwierigsten, anspruchsvollsten und kompliziertesten Aufgaben (z. B. wichtige Besuchertermine, kurzfristige Präsentation vor wichtigen Kunden, Abstimmung der nächsten Arbeitsschritte mit dem Team), die nur von Ihnen allein oder im Team verantwortlich durchgeführt werden, Ihnen einen maximalen Nutzen bringen und für Ihren Arbeitsplatz von größter Bedeutung sind. Diese nicht delegierbaren Muss-Aufgaben umfassen etwa 15 Prozent aller Ihrer Aufgaben, ihr Wert im Hinblick auf das Erreichen Ihrer Berufsziele liegt indes bei 65 Prozent.

B-Aufgaben:
Durchschnittlich wichtige Aufgaben (z. B. Unterlagen für Meetings zusam-

mentragen, Termine vereinbaren), die delegierbar sind. Bei Ihrer Arbeitsmenge schlagen diese Soll-Aufgaben mit etwa 20 Prozent zu Buche und stellen zugleich 20 Prozent der insgesamt von Ihnen zu erledigenden Aufgaben
dar.

C-Aufgaben:
Eher unbedeutende und weniger wichtige Aufgaben (z. B. Vor-, Nach- und
Routinearbeiten, allgemeiner Papierkram, Ablage, Dokumentation), die mit
65 Prozent den größten Anteil Ihrer Aufgaben darstellen. Sie sind jedoch nur
mit 15 Prozent am Wert aller Ihrer Aufgaben beteiligt. Diese Kann-Aufgaben
sind delegierbar. Hier sollten Sie sich fragen, ob Ihr persönliches Engagement
wirklich gerechtfertigt ist. Zur Erledigung dieser Routineaufgaben sollten Sie
aber auf jeden Fall Ihre leistungsschwachen Zeiten (siehe Seite 63) nutzen, in
denen Sie sich ohnehin nicht so stark konzentrieren können.

ABC-Aufgaben			
	A-Aufgaben	B-Aufgaben	C-Aufgaben
Anteil an der Menge Ihrer Arbeit	15 %	20 %	65 %
Anteil am Erreichen Ihrer Ziele	65 %	20 %	15 %

Zählen bestimmte Aufgaben mit niedriger Priorität zu Ihren bevorzugten
Tätigkeiten, laufen Sie Gefahr, nicht nur zu viel Zeit zu investieren, sondern
die Wertigkeit zu hoch anzusetzen. Reduzieren Sie diese Aufgaben, selbst
wenn es „schmerzt". Sie müssen auf Ihre „Favoriten" nicht vollends verzichten, sollten Ihr Engagement aber auf ein vernünftiges Maß beschränken.

Die eher nebensächlichen C-Aufgaben beanspruchen in der Praxis sehr
häufig einen unangemessen hohen Zeitanteil, während den besonders wichtigen A-Aufgaben ein zu geringes Zeitkontingent zugestanden wird. Um
die Zeitverwendung dem Wert der Aufgaben anzupassen, wäre die Zeit für
A-Aufgaben zu erhöhen, indem Sie die zeitraubenden C-Aufgaben besonders
kritisch unter die Lupe nehmen und ihren Anteil verringern, jedoch nicht
gänzlich eliminieren. Schließlich stellen C-Aufgaben eine willkommene Abwechslung zu den Energie fressenden A-Aufgaben dar.

Möglicherweise sind Sie irritiert, dass vorstehendes Prozedere nur auf die
Wichtigkeit abstellt und keinen Hinweis auf die Dringlichkeit der Aufgabenerledigung enthält. Tatsächlich spielt das Verhältnis von Wichtigkeit (bedeu-

tet Ziel und Erfolg) und Dringlichkeit (bedeutet Zeit und Termin) einer Aufgabe eine große, oft sogar entscheidende Rolle. Das Problem liegt darin, dass viele C-Aufgaben nicht sonderlich wichtig, dafür aber oft sehr dringend sind. Andererseits sind sehr wichtige Aufgaben oft (noch) nicht dringend. In der Praxis werden die wichtigen A- oder B-Aufgaben, deren Bearbeitung noch Zeit hätte, häufig zugunsten der Dringlichkeit von C-Aufgaben zurückgestellt. So bleibt nicht aus, dass immer wieder wichtige Aufgaben nach hinten geschoben und letztendlich unter erheblichem Zeitdruck bearbeitet werden müssen.

Da aber A-Aufgaben, die Ihren beruflichen Erfolg ausmachen, möglichst ohne Zeitdruck und Stresseinwirkung erledigt werden sollen, machen Sie sich den Grundsatz „Das Wichtigste zuerst!" zu eigen.

Bei Dringendem reagieren Sie nur, bei Wichtigem hingegen agieren Sie. Würden Sie sich der „Tyrannei des Dringenden" beugen, könnten Sie auch gleich mit Ihrer Zeitplanung kapitulieren. Würden Sie stets zuerst die eiligen Dinge erledigen, kämen Sie nicht mehr zu den wichtigen Aufgaben. Jeder Anrufer betrachtet sein Anliegen als besonders vorrangig. Viele Anfragen sind sofort zu bearbeiten und liegen anschließend wochenlang beim Empfänger achtlos herum. Eilige, möglichst gestern zu erledigende Vorgänge setzen Sie gehörig unter Druck. Diese Beispiele lassen erkennen, dass bei vorrangiger Berücksichtigung des Gesichtspunkts der Dringlichkeit nicht mehr selbstständig und eigenverantwortlich gearbeitet werden kann. In einem solchen Fall bestimmen die äußeren Umstände, wie Prioritäten gesetzt und welche Aufgaben abgearbeitet werden.

Das Eisenhower-Prinzip

Das auf den früheren amerikanischen Präsidenten Dwight D. Eisenhower zurückgehende Entscheidungsraster erleichtert die Prioritätensetzung, indem Aufgaben nach Dringlichkeit des Erledigungstermins und Wichtigkeit des Inhalts erfasst werden. Setzen Sie diese beiden Faktoren zueinander in Beziehung, ergibt sich der Bearbeitungswert:

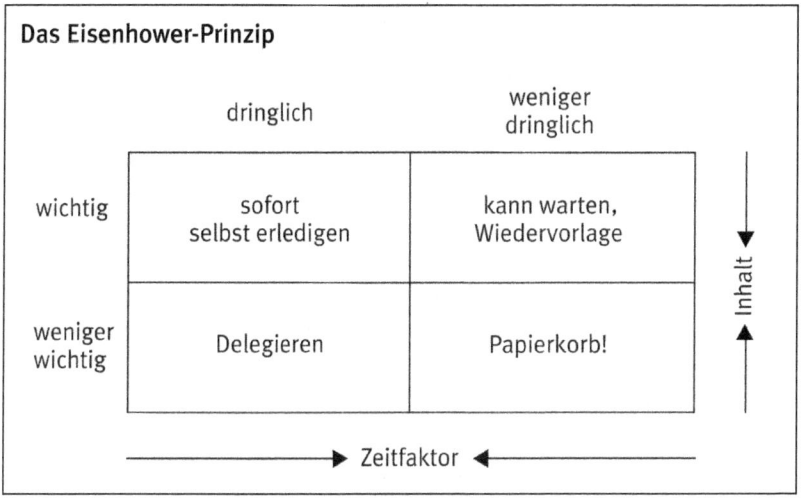

Das Eisenhower-Prinzip

	dringlich	weniger dringlich
wichtig	sofort selbst erledigen	kann warten, Wiedervorlage
weniger wichtig	Delegieren	Papierkorb!

Zeitfaktor / Inhalt

- Wichtige und dringende Aufgaben (z. B. Projekte mit Zeitlimit, drängende Probleme) dulden keinen Aufschub und werden von Ihnen sofort und persönlich in Angriff genommen.
- Wichtige, aber weniger dringliche Aufgaben (z. B. Planungen, Projekte mit größerem zeitlichem Spielraum) bearbeiten Sie später. Sie planen einen konkreten Termin ein (siehe Seite 97) und legen den Vorgang auf Wiedervorlage oder lassen sich rechtzeitig durch Ihren elektronischen Kalender erinnern.
- Dringende, jedoch weniger wichtige Aufgaben (z. B. normale Unterbrechungen, manche Anrufe, mancher Posteingang) delegieren Sie im Idealfall (siehe Seite 88).
- Arbeiten von geringer Dringlichkeit und geringer Wichtigkeit (z. B. Wurfsendungen, manche E-Mails oder Anrufe, Triviales, angenehme Tätigkeiten ohne größere Wertigkeit, Fluchtaktivitäten) vertrauen Sie dem Papierkorb (siehe Seite 59) an.

Das Sofort-Prinzip

Vom Eisenhower-Prinzip ausgenommen sind täglich auftretende Mini-Aufgaben, die im Regelfall nicht mehr als drei bis fünf Minuten Ihrer Zeit beanspruchen (Sofort-Prinzip). Bevor Sie überlastet werden, indem Sie für jede

Kleinigkeit einen Erledigungstermin festlegen, diesen überwachen und dabei die Lust an Ihrer Arbeit verlieren, erledigen Sie solche überschaubaren Aufgaben sofort. So eliminieren Sie die Unart, den Vorgang erst einmal zur Seite zu legen und vor sich herzuschieben.

Vorteile des Sofort-Prinzips

- Durch die sofortige Erledigung sparen Sie Zeit, Geld und Nerven.
- Sie können sich besser Ihren wichtigen Arbeiten widmen. Bleiben viele Kleinigkeiten unbearbeitet, werden Ihre geistigen Kapazitäten unnötig belastet.
- Manches Unangenehme wird sofort erledigt, so dass ein Aufschieben nicht mehr möglich ist.
- Kleinigkeiten haben keine Chance, sich zu ernsthaften Problemen auszuwachsen. Bevor es zu brennen beginnen kann, haben Sie die Sache bereits erledigt.
- Es können sich keine Rückstände aufbauen.
- Das nervende Suchen („Wo ist doch nur ... Ich weiß, es muss hier sein ...") entfällt.
- Zusätzliche Störungen bei der Erledigung wichtiger Aufgaben lassen sich vermeiden, beispielsweise die Beantwortung von Nachfragen und Beschwerden oder die Abgabe von Zwischenberichten.

Sie arbeiten nach dem Sofort-Prinzip, wenn Sie bei jedem Blatt Papier und bei jeder E-Mail eine Entscheidung treffen. Die wichtigsten E-Mails werden sofort beantwortet, die unwesentlichen sofort gelöscht und die nicht so wichtigen E-Mails Aufgabenblöcken zugeordnet (siehe Seite 104) und außerhalb Ihrer Hochleistungszeiten erledigt. Dieses strategische Vorgehen bedeutet kaum zusätzlichen Aufwand, denn in der Regel haben Sie schon während der Lektüre eine Antwort im Kopf, die Sie künftig ohne Umschweife in die Tat umsetzen.

Gewöhnen Sie es sich an, bei jeder auftretenden Aufgabe oder Anfrage eine Entscheidung zu treffen. Schieben Sie lästigen Kleinkram, dringende Telefonate oder plötzliche E-Mail-Anfragen nicht länger vor sich her, sondern entscheiden Sie, wie und wann die jeweilige Angelegenheit zu behandeln ist.

Sie können:

- sofort erledigen
- sofort delegieren
- sofort ablehnen
- sofort ablegen
- sofort entsorgen (Papierkorb)
- sofort weiterleiten
- sofort planen

> Die Seele jeder Ordnung ist der Papierkorb.
>
> KURT TUCHOSLKY

Nutzen Sie Ihren Papierkorb

Sie können Ihren Augen ruhig trauen! Tatsächlich enthält das untere rechte Kästchen im Eisenhowerschen Entscheidungsraster (Seite 57) das Wort „Papierkorb". In dieser Rundablage sind nebensächliche Arbeiten von geringer Dringlichkeit und geringer Wichtigkeit bestens aufgehoben. Seien Sie risikofreudig und entscheiden Sie sich öfter für den Papierkorb. Ihre Unsicherheit, ob dieser zu nutzen ist, verschwindet, wenn Sie einen Moment über die Frage „Was passiert, wenn ich diese Aufgabe nicht erledige, wenn ich mich mit dieser Information nicht beschäftige?" nachdenken. Wenn Sie bei Ihrer Antwort nicht erzittern, keinen Schweißausbruch bekommen und auch nicht in Ohnmacht fallen, dann ab in den Papierkorb damit.

Vielleicht bringen Sie dennoch nicht den Mut auf, eine in Ihren Augen unwichtige Information oder eine bedeutungslose Aufgabe gänzlich zu entsorgen. Manchmal wird die Brisanz einer Nachricht erst später erkannt. Auch kann es unverhoffterweise zu einer Nachfrage kommen, so dass Sie in alten Unterlagen noch einmal nachlesen müssen.

In einem solchen Fall sollten Sie in einem Fach Ihres Schreibtischs eine Zwischenablage („Müllhaufen") vorsehen, in die chronologisch unwichtige Anfragen und Unterlagen gestapelt werden. Sollte wider Erwarten die Bedeutung einer zwischengelagerten Sache steigen, besteht doch noch eine Zugriffsmöglichkeit. Erfahrungsgemäß spielen als unwichtig angesehene Vorgänge keine Rolle mehr, so dass sie nach einer Karenzzeit von zwei bis drei Monaten endgültig entsorgt werden sollten. Mussten Sie innerhalb dieses Zeitraums nicht aktiv werden, handelte es sich wirklich um eine unwichtige

Sache, die weder Zeit noch Arbeit gekostet hat. Mittlerweile sind die zu entsorgenden Vorgänge veraltet und zumeist wertlos geworden.

Es entspricht der Realität, dass wir an manchen Tagen (hoffentlich nur recht selten) keinerlei Lust zum Arbeiten verspüren und bereits beim Wachwerden den Schluss des Arbeitstags herbeisehnen. Nutzen Sie diese Tage, um Zwischengelagertes endgültig zu entsorgen. Jedes Stück Papier, das Sie dabei in die Hand nehmen, verschafft Ihnen ein Erfolgserlebnis. („Gut, dass ich bei dieser uninteressanten Information untätig geblieben bin. Kein Mensch hat danach gefragt. Für diese Aufgabe hätte ich sicherlich zwei Stunden benötigt, die ich mir somit erspart habe." usw.) So hat ein ursprünglich unmotivierter Arbeitstag doch noch sein Gutes und bestärkt Sie in Ihrem Verhalten, sich auch künftig nicht mit absolut Nebensächlichem zu beschäftigen.

Eingehende E-Mails, die Sie als unwichtig einstufen, legen Sie zunächst im elektronischen Papierkorb ab und löschen Sie nach Verstreichen der Karenzzeit endgültig.

PRAXIS-TIPP:

Mit dem Festlegen von Prioritäten verzetteln Sie sich nicht mehr, sondern steuern Ihren Arbeitseinsatz und haben Ihre wesentlichen Aufgaben – Ihre Erfolgsverursacher – fest im Griff. Es wird nicht mehr der Fall eintreten, dass unbemerkt bis kurz vor Feierabend eine wichtige Aufgabe liegen bleibt, so dass Sie nun eine „Nachtschicht" einlegen müssen. Sie werden bei Feierabend auch nicht mehr resigniert zur Kenntnis nehmen, dass das eigentlich Wichtige an diesem Tag nicht erledigt werden konnte. Indem Sie mittels Ihrer Prioritätenfestlegung Ihre vordringlichen Ziele erreichen, bekommt Ihre Berufstätigkeit mehr Qualität und trägt zu größerer Arbeitsfreude bei. Vielleicht haben Sie bis zum Feierabend weniger Aufgaben abgeschlossen, aber sicherlich wurden von Ihnen die richtigen und wichtigen Tätigkeiten erledigt.

Die längste Reise beginnt mit einem
ersten einzelnen Schritt.
CHINESISCHES SPRICHWORT

Starten Sie sofort

Sie kennen vielleicht Kollegen, die am Arbeitsplatz erscheinen und

- zunächst das Fenster aufreißen und lüften,
- auf die Toilette gehen,
- mehrere Kollegen mit einem Schwätzchen von der Arbeit abhalten,
- die Blumen gießen oder Kaffee aufsetzen,
- einige Telefonate privaten Inhalts führen,
- kurz in die Tageszeitung schauen oder etwas im Internet nachlesen,
- Kaffee trinken und das Frühstücksbrot verzehren oder
- sich zum Zigarettenrauchen vor die Tür begeben.

Anschließend wundern sie sich, wie schnell bei diesen lieb gewonnenen Gewohnheiten die ersten 90 Minuten des Arbeitstags ohne greifbare Arbeitsergebnisse vergangen sind.

Diese „Lebenskünstler" haben viele Aktivitäten gezeigt, nur eines ist ihnen nicht in den Sinn gekommen: Das zu tun, wofür sie vom Arbeitgeber bezahlt werden, nämlich ihre Arbeit vernünftig zu erledigen.

Der Grund für dieses Verhalten mag darin liegen, dass mit der Arbeit im Allgemeinen oder aber mit bestimmten Aufgaben Unbehagen und Ablehnung verbunden sind. Indem man sich angenehmeren Ersatztätigkeiten zuwendet, weicht man Unliebsamen aus. Manche Einstiegsrituale wurden darüber hinaus im Laufe der Zeit zu einer Gewohnheit kultiviert.

Fragen Sie sich bitte, wie Sie in den Arbeitstag zu starten pflegen. Gibt es bei Ihnen auch ein Anfangsritual, das zunächst abgearbeitet werden muss?

Nachdem Sie die Ihrer eigentlichen Arbeit vorgelagerten Aktivitäten notiert haben, werden Sie feststellen, dass viele dieser Rituale für Ihre Aufgabenerledigung unwichtig sind. Sie haben auf der Liste vermutlich einige Punkte festgehalten, bei denen Sie nun getrost den Rotstift ansetzen sollten.

Zwingen Sie sich unabhängig von Tagesform, Motivation und guter Laune zum Starten.

Erinnern Sie sich an das physikalische Gesetz der Trägheit. Ist ein schwerer Körper erst in Bewegung, wird es leichter, ihn in Bewegung zu halten.

Denken Sie daran, wie viel Kraft einzusetzen ist, um ein Auto anzuschieben, aber wie leicht es am Rollen zu halten ist.

Das sofortige Starten können Sie sich auch mit der Aussicht auf eine Belohnung versüßen: „Je früher ich beginne, umso eher kann ich eine Pause machen."

Überlegen Sie bitte, ob Sie die Starthürde mit der 10-Minuten-Regel überwinden können. Nehmen Sie sich vor, zehn Minuten zu investieren und sich in dieser Zeit konzentriert der Aufgabe zuzuwenden. Mit einer Stoppuhr oder Ihrem Handy behalten Sie die zehn Minuten im Visier. Schließen Sie einen Deal mit sich und stellen Sie sich eine Belohnung in Aussicht, die Sie sich gönnen, sobald die Aufgabe erledigt ist (siehe Seite 71). Das Beste aber kommt zum Schluss: Meistens werden Sie sich nach den zehn Minuten so in die Aufgabe vertieft haben, dass Sie gar nicht mehr aufhören wollen. Versuchen Sie es – Sie werden feststellen, es funktioniert!

Ist unklar, wie Sie mit einer umfangreichen Arbeit beginnen sollen, packen Sie den Stier bei den Hörnern und fangen einfach irgendwo an. Damit schlagen Sie der Aufschieberitis ein Schnippchen und vermindern den auf Ihnen lastenden Druck.

Oftmals entpuppen sich Aufgaben als einfach oder schnell zu lösen, sobald Sie erst einmal mit ihnen angefangen haben. Mit einem konzentrierten Einstieg überwinden Sie die Hemmschwelle und entwickeln genügend Schwung, nach der Erledigung der ersten Aufgabe weitere Arbeiten anzugehen.

Indem Sie mit einer leichten Aufgabe beginnen, ist der motivierende Erfolg vorprogrammiert. Sobald Sie jedoch das sofortige Beginnen verinnerlicht haben, starten Sie mit einer wichtigen A-Aufgabe. Da Sie bei Arbeitsbeginn voller Schaffenskraft sind, können Sie Ihre Ressourcen bestens abrufen, um diese Aufgabe erfolgreich abzuschließen. Falls Sie zum Typ „Abendmensch" zählen, der morgens nur schwer in Gang kommt, dafür aber gegen Abend ein Konzentrationshoch erlebt, sollten Sie die Aufgabenverteilung an Ihren persönlichen Biorhythmus anpassen (siehe Seite 63).

Experten raten, Unangenehmes zuerst zu erledigen. Bei Arbeitsbeginn ist man noch gut konzentriert, voller Elan und in der Regel frisch und ausgeruht. Indem der dickste Brocken des Tages abgearbeitet wird, besiegen Sie Ihren inneren Schweinehund und brauchen kein schlechtes Gewissen wegen einer aufgeschobenen und auf der Seele lastenden Arbeit zu haben. Vielmehr erleben Sie ein befreiendes Gefühl, das Sie auf den Rest des Tages positiv einstimmt.

Lesen Sie Ihre E-Mails möglichst nicht bei Arbeitsbeginn. Rufen Sie sofort Ihre E-Mails ab, beantworten Sie vermutlich gleich einige elektronische Post, schreiben neue E-Mails und springen dabei von Thema zu Thema. Mit hoher Wahrscheinlichkeit wird der gesamte Arbeitstag ähnlich unstrukturiert ablaufen. Haben Sie aber zu Beginn mit hoher Konzentration eine wichtige A-Aufgabe erledigt, starten Sie mit einem Gewinner-Gefühl in weitere Aktivitäten.

PRAXIS-TIPP:

Jedes Zeitschinden lähmt Sie, das Beginnen wird Ihnen umso schwerer fallen. Egal, welche Verlockung auf Sie einwirkt: Überwinden Sie Ihr persönliches Trägheitsmoment. Reduzieren Sie Anlaufzeiten auf das Unumgängliche. Statt entmutigt „Wie soll ich das bloß alles schaffen?" zu denken, hilft Ihnen die Frage „Womit fange ich jetzt an?" weiter. Mit dieser Formulierung schieben Sie Ablenkungen und negative Gedanken beiseite und Sie werden die Aufgabe eher in Angriff nehmen. So belasten Sie sich weniger und haben es schneller hinter sich!

Nutzen Sie Ihre Hochleistungszeiten

Jeder Mensch verfügt über einen eigenen Tagesrhythmus und besitzt eine genetisch programmierte innere Uhr. Diese ist vom Schlaf-Wach-Wechsel, den Jahreszeiten sowie Mondphasen abhängig. Das hat zur Folge, dass Sie zu bestimmten Zeiten leistungsfähiger sind als zu anderen.

Im Durchschnitt werden die höchsten Werte vormittags erreicht. Nach dem Mittagessen macht sich ein Leistungs- bzw. Energietief bemerkbar.

Gegen Abend (18.00 bis 21.00 Uhr) kommt es erneut zu einem Leistungshoch, wobei allerdings der Höhepunkt vom Vormittag nicht mehr erreicht wird.

Nutzen Sie Ihre Leistungskurve und erledigen Sie wichtige Aufgaben und Meetings am Vormittag, während Sie weniger wichtige Tätigkeiten und Routinearbeiten nachmittags in den Durchhängerphasen verrichten.

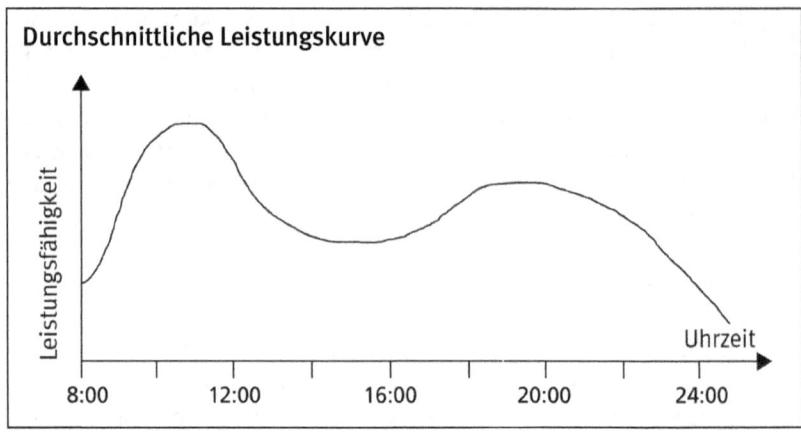

Der „Morgenmensch" ist bereits beim Aufstehen putzmunter und voller Tatendrang. Für ihn ist es nicht ungewöhnlich, kurz vor dem Klingeln seines Weckers von selbst aufzuwachen.

Liegen Ihre Hochleistungszeiten eher vormittags, ist es günstig, den Arbeitstag früh zu beginnen. Die Zeit bis zum Eintreffen von Kollegen oder Mitarbeitern kann genutzt werden, um sich in Ruhe den A-Aufgaben zuzuwenden, nach dem Sprichwort „Morgenstund hat Gold im Mund". Für Routinearbeiten steht dann der Nachmittag zur Verfügung.

Der „Abendmensch" kommt morgens kaum aus den Federn, ist beim Aufwachen schlaftrunken und reagiert eher langsam. Ihm passiert es leicht, den Wecker zu überhören und weiterzuschlafen. Er „leidet" in den frühen Morgenstunden, Energie und Kreativität wachen erst im Laufe des Tages auf.

Schätzen Sie sich eher als Abendmensch ein, nehmen Sie A-Aufgaben mit höchster Priorität im Leistungshoch am Nachmittag in Angriff. Um morgens in die Gänge zu kommen, können Routineaufgaben eingeplant werden.

Falls Sie Ihre persönlichen Hoch- und Tiefphasen noch nicht kennen, sollten Sie sich eine Zeit lang selbst beobachten und Ihre tägliche Leistungskurve anhand der folgenden Checkliste ermitteln:

Erkennen Sie Ihre individuelle Leistungskurve

- Wann wachen Sie meistens morgens auf?
- Sind Sie dann sofort hellwach oder noch schläfrig?
- Wann stellt sich Arbeitslust ein?
- Wann fühlen Sie sich arbeitsmäßig in Topform?
- Wann kommen Ihnen die besten Ideen?
- Wann bemerken Sie erstmalig Ermüdungserscheinungen?
- Über welchen Zeitraum können Sie ohne Pausen intensiv arbeiten?
- Wie viel Zeit brauchen Sie für Erholungspausen zwischendurch?
- Wie lange können Sie am Nachmittag arbeiten?
- Wann sind Sie so müde, dass Sie ausgelaugt oder geschafft sind?
- Welche ist Ihre beste Schlafenszeit?
- Wie viel Stunden Schlaf benötigen Sie?

Je besser Sie die zu erledigenden Aufgaben mit Ihrem Tagesrhythmus in Einklang bringen, desto besser fühlen Sie sich und desto leistungsfähiger sind Sie.

Neben der individuellen täglichen Leistungskurve sollte auch das Leistungsprofil während des Wochenablaufs beachtet werden. Montags und freitags sind unsere Leistungen schlechter, weil das Wochenende seine Schatten voraus- bzw. nachwirft. Um die Wochenmitte ist das Maximum der Leistungsfähigkeit erreicht.

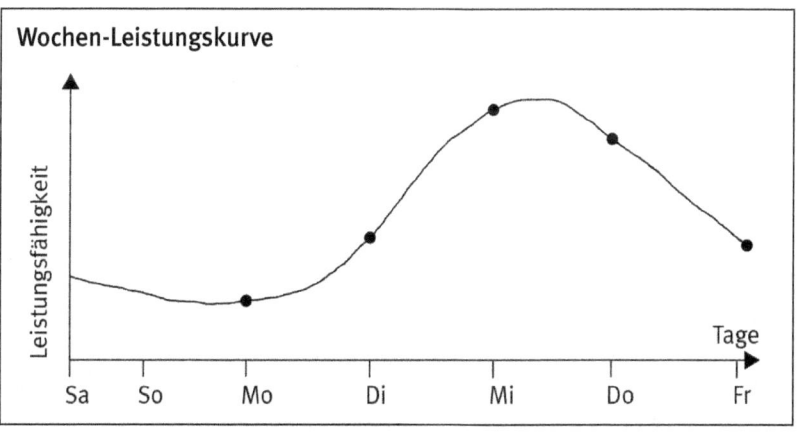

Wochen-Leistungskurve

PRAXIS-TIPP:

Arbeiten Sie Ihre Aufgaben nicht länger stupide eine nach der anderen von morgens bis abends ab, sondern richten Sie den Arbeitstag nach Ihrer individuellen körperlichen und geistigen Leistungsfähigkeit aus. Zunächst ermitteln Sie Ihre persönlichen Hochleistungszeiten. Besonders wichtige Aufgaben sind am günstigsten während dieser Hochleistungszeiten am Mittwoch oder Donnerstag zu erledigen. Diese Phasen sind viel zu kostbar für C-Aufgaben, die Sie besser in Zeiten von Leistungstiefs (z. B. in den müden Momenten nach der Mittagspause) erledigen.

> Kleine Taten, die man ausführt,
> sind besser als große, die man plant.
> GEORGE MARSHALL

Teilen Sie umfangreiche Aufgaben auf

Umfangreiche oder zeitintensive Vorhaben wirken wegen ihrer Größe oder ihrer Erledigungsdauer oft so, als seien sie nicht zu bewältigen. Daher ist nicht auszuschließen, dass komplexe Arbeiten bei Ihnen massive Schwellenangst und Mutlosigkeit hervorrufen können. Lieber beschäftigen Sie sich dann mit anderen Tätigkeiten, die schneller zu Ergebnissen und Erfolgen führen.

Statt mit destruktiver Grundeinstellung die Arbeit anzugehen, wenden Sie bei einer auf Erledigung wartenden, großen Aufgabe besser eine „Politik der kleinen Schritte" an. Diese Herangehensweise ist auch als „Salami-Taktik" bekannt. Sie brechen die Aufgabe einfach auf kleine Handlungsschritte herunter. Es wird Ihnen leichter fallen, viele kleine Schritte zu machen, als einen weltrekordverdächtigen Weitsprung zu versuchen. Mit einer Mind-Map („Gedanken-Landkarten") können Sie das Thema kreativ und strukturiert zu Papier bringen und dieser grafischen Darstellungsmöglichkeit die spätere Vorgehensweise entnehmen.

Überlegen Sie sich die ersten zwei oder drei Schritte, die Sie an den Beginn Ihrer Aufgabenerledigung stellen. Dabei sollten Sie wirklich nur kleine und überschaubare Teilaufgaben ins Auge fassen, weil diese kaum innere Widerstände auslösen werden. Nach dem Motto „Wenn nicht jetzt – wann sonst?!" beginnen Sie sogleich, den ersten Teil abzuarbeiten. Idealerweise sollte dieser keine besonders schwer zu knackende Nüsse, sondern eher leichte Aspekte beinhalten. So gelangen Sie schnell zu Ihren ersten Teilerfolgen, die Sie beflügeln („Siehst du, es geht doch. Das wäre doch gelacht, wenn du die nächsten Teile nicht auch relativ schnell und gut schaffen würdest.") und Ihnen das Gefühl vermitteln, etwas geleistet zu haben. Als Resultat werden Sie zufriedener und innerlich ausgeglichener zu Werke gehen. Auslöser hierfür ist unser Gehirn, das unseren Organismus selbst beim Erreichen von Teilzielen mit Endorphinen versorgt. Diese Glückshormone versetzen uns in eine positive Stimmung. Nachdem Sie nun in Fahrt gekommen sind, nutzen Sie die Gelegenheit und arbeiten weiter.

Nach den ersten kleinen Schritten legen Sie für alle weiteren Zwischenschritte zeitnahe konkrete Erledigungstermine fest, deren Einhaltung Sie akribisch befolgen. Mit jeder bewältigten Teilaufgabe wächst Ihre Motivation. Ist schließlich die umfangreiche, möglicherweise anspruchsvolle und herausfordernde Aufgabe bewältigt, stellt sich bei Ihnen ein intensiv empfundenes Glücksgefühl ein.

Soll beispielsweise ein jüngerer in der Probezeit befindlicher Mitarbeiter in drei Wochen erstmalig eine werbewirksame Präsentation für ein neues Produkt durchführen (für ihn eine A-Aufgabe), könnte er folgende Zwischenschritte vorsehen:

Handlungsschritte: Vorbereitung einer Präsentation

10.10.	Gliederung entwerfen	0,5 Stunden
11.10.	Material sammeln	1,5 Stunden
13.10.	Stichwortkonzeption entwickeln	2 Stunden
14.10.	Konzeption ausfeilen, Inhalt überdenken	1,5 Stunden
17.10.	Powerpoint-Folien entwerfen	2 Stunden
18.10.	Powerpoint-Folien entwerfen	2 Stunden
19.10.	Handouts entwerfen	3 Stunden
20.10.	Präsentation im Entwurf mit Chef abstimmen	1,5 Stunden
24.10.	Probedurchläufe ohne Zuhörer	2 Stunden
25.10.	Probedurchläufe ohne oder mit Zuhörer	2 Stunden
26.10.	Druck der Handouts veranlassen	1 Stunde
31.10.	Tag der Präsentation	

Auch die einzelnen Zwischenschritte müssen nicht ohne Unterbrechung erledigt werden. Statt sich drei Stunden in einem Stück mit dem Entwurf der

Handouts zu beschäftigen, können nach sachlichen Erwägungen Teilaspekte definiert und in verschiedenen Etappen bearbeitet werden.

Hätte der Mitarbeiter seinen Auftrag nicht in überschaubare Häppchen aufgeteilt und die einzelnen Teilaspekte ohne Hektik erledigt, wäre vermutlich eine Überforderung eingetreten. Für die Vorbereitung und Erstellung der Präsentation hätte er mindestens drei Arbeitstage am Stück benötigt. Der Elan wäre dabei sicher schnell verflogen, zumal der Angestellte in unserem Beispiel vor einer für ihn neuen, herausfordernden und beschwerlichen Aufgabe stand und keine Möglichkeit gehabt hätte, zwischendurch Abwechslung zu genießen und Abstand zu bekommen.

Selbst Profis hätten es wohl aufgegeben, sich tagelang in Folge von Beginn bis Ende des Arbeitstags auf die gewissenhafte Vorbereitung einer Präsentation zu konzentrieren.

PRAXIS-TIPP:

Teilen Sie umfangreiche oder zeitintensive Gesamtaufgaben in kleine Einzelschritte auf und erledigen immer einen Schritt nach dem anderen.

Mit dieser Vorgehensweise steigt die Erfolgswahrscheinlichkeit und Sie schrecken künftig nicht mehr vor einer wie eine Sisyphusarbeit auf Ihnen lastenden Mega-Aufgabe zurück. So arbeiten Sie jeden Tag ein Stück an Ihrem Erfolg!

> Perfektion bedeutet Lähmung.
> WINSTON CHURCHILL

Streben Sie statt Perfektion Qualität an

In der Regel übertragen Eltern bereits in den ersten Lebensjahren ein bestimmtes Wertesystem auf ihre Kinder, welches diese verinnerlichen und zur Richtschnur für ihr weiteres Leben nehmen.

- „Ich muss alles im Griff haben."
- „Ich muss stets pünktlich sein."
- „Ich muss immer kompetent sein."
- „Entweder mache ich es hundertprozentig oder gar nicht."

Derartige Aussagen weisen auf Lebensregeln hin, denen häufig bis zum Lebensende die Treue gehalten wird.

Eine auf Hundertprozentigkeit ausgerichtete Einstellung ist förderlich bei Arbeitsplätzen, die ein akribisches und perfektionistisches Arbeiten voraussetzen und bei denen ein Fehler verheerende Folgen nach sich ziehen würde. Oft ist perfektionistisches Arbeiten jedoch hinderlich, kostet unnötig Zeit und Geld und stellt eine Erfolgsbremse dar. Trotz eines großen Zeit- und Energieaufwands schafft man nie seine Arbeit, weil alles bis ins kleinste Detail intensiv beleuchtet und geprüft wird. Perfektionisten beißen sich an einer Aufgabe fest, verfolgen mit großer Intensität nur eine Spur und engen ihren Gesichtskreis ein, während die Zeit unaufhaltsam verrinnt. Bei diesem selbst auferlegten Zwang wird der Abschluss einer Aufgabe immer wieder hinausgeschoben, um hier und da noch die eine oder andere Kleinigkeit nachzubessern. So manch ein Projekt ist gescheitert, weil es zu lange durchgeplant und nie in die Tat umgesetzt wurde. Von Kollegen werden Perfektionisten als "Kleinlichkeitskrämer", „Haarspalter" oder „Pedanten" eingestuft. Zumeist stehen die erzielten Arbeitsergebnisse in keinem angemessenen Verhältnis zu den eingesetzten Ressourcen.

Wenn nach dem Pareto-Prinzip (siehe Seite 53) in 20 Prozent der aufgewendeten Zeit 80 Prozent der Leistungsergebnisse erzielt werden, ist es im Normalfall nicht zu verantworten, das Vierfache an Zeit für die restlichen 20 Prozent zu investieren.

Letztlich fühlt sich der zum Perfektionismus neigende Mensch von den beruflichen Zwängen überfordert. Er verrennt sich in Details, kommt nicht mehr vom Fleck und verliert das große Ganze aus den Augen. Er hat sich einen klassischen Tunnelblick zugelegt. Die hohen Anforderungen an die Arbeitsgüte und -ergebnisse können zu einer chronischen Unzufriedenheit mit der eigenen Leistung führen, motivierende Erfolgserlebnisse bleiben aus und die Frustration steigt kontinuierlich an.

Sind Sie Perfektionist, sollten Sie folgende Empfehlungen sorgfältig überdenken: Auch wenn es Ihnen zunächst schwer fällt, zwingen Sie sich, nicht alles hundertprozentig zu erledigen und sich auf die essenziellen Punkte zu konzentrieren. Es gibt auch an Ihrem Arbeitsplatz Aufgaben, die nicht so wichtig sind. An ihnen sollten Sie den Mut zur Lücke üben.

Schrauben Sie Ihre Erwartung von Perfektion auf Qualität zurück. Versuchen Sie, den Anspruch auf perfektes Arbeiten durch den Anspruch auf gutes Arbeiten zu ersetzen.

Qualität statt Perfektion!

- Sie müssen nicht überpünktlich sein, Pünktlichkeit genügt vollauf.
- Sie müssen nicht fehlerlos arbeiten, dieser Anspruch ist auf Dauer nicht zu erreichen. Sie sollten allerdings im Rahmen akzeptabler Toleranzen bleiben und bereit sein, aus gemachten Fehlern zu lernen.
- Sie müssen nicht alles in eigener Regie erledigen. Wozu gibt es die Möglichkeit des Delegierens?
- Sie müssen nicht alles wissen. Wozu gibt es Nachschlagewerke, Vorschriftensammlungen, Wikipedia und ähnliches?
- Sie müssen nicht für einen stets perfekten Arbeitsplatz sorgen. Das Aufräumen am Ende des Arbeitstags sollte reichen.
- Sie müssen sich nicht in jedes Detail einer schriftlichen Arbeit vertiefen. Besser wäre es, zunächst die gesamte Arbeit zu Papier zu bringen und danach gezielt an Formulierungen zu feilen.
- Sie müssen nicht jede Arbeit Ihrer Mitarbeiter kontrollieren. Im Regelfall genügen Stichprobenkontrollen an strategischen Kontrollpunkten (siehe Seite 122). Totalkontrollen sollten nur dann in Erwägung gezogen werden, wenn gravierende Schäden vermieden werden sollen.

WICHTIG: Manche Menschen tarnen Aufschiebeverhalten mit Perfektionismus, indem sie eine Arbeit nicht abschließen, vorsätzlich Zeit schinden, weiter an ihr herumwerkeln und den Eindruck großen Engagements vermitteln.

PRAXIS-TIPP:

Setzen Sie sich für Ihre Arbeiten ein Zeitlimit, das für eine gute Aufgabenerledigung ausreicht. Solange Sie dieses Limit diszipliniert im Auge behalten, befinden Sie sich auf einem guten Weg, den störenden Perfektionismus durch schnelles und produktives Arbeiten zu ersetzen.

Belohnen Sie sich

Bevor Sie eine Aufgabe erledigen, überlegen Sie sich stets, wie Sie sich am Ende dafür belohnen wollen. Der Gedanke an eine erstrebenswerte Belohnung nach einer erfolgreich gelösten Aufgabe sorgt für Vorfreude und setzt in Ihnen die gewünschten Energien frei. Bei umfangreichen Aufgaben sollten Sie sich auch bei Erreichen von Teilschritten belohnen, um sich bei Laune zu halten. Können Sie sich als Belohnung vorstellen,

- einen Cappuccino zu trinken?
- mit Ihren Kollegen einen Moment zu plaudern?
- auf dem Heimweg zwei Zimtbrötchen bei Ihrem Lieblingsbäcker zu kaufen?
- nach Feierabend mit Ihrer Familie durch die Natur zu radeln und den Duft blühender Rapsfelder zu genießen?
- eine alte ABBA-CD zu hören?
- endlich wieder einmal in die Sauna zu gehen?

Es müssen keine weltbewegenden Belohnungen sein. Es genügen kleine, von Ihnen positiv empfundene Dinge oder Handlungen, die Ihnen eine angenehme Gefühlslage vermitteln. Die Aussicht auf eine Belohnung soll Sie aus der Lethargie reißen und Sie veranlassen, Ihre Aufgabe zügig zu erledigen, um in den Genuss der versprochenen Belohnung zu kommen. Damit das Belohnungsprinzip („Erst die Arbeit, dann das Vergnügen.") wirkt und Sie mit gutem Gewissen intensiv genießen können, muss die Entlohnung möglichst im Anschluss an die erledigte Arbeit erfolgen. Bald entwickeln Sie positive Assoziationen zu Ihrer Arbeit und lassen negative Aspekte nur in abgeschwächter Form an sich heran.

Auch immaterielle Belohnungen sind enorm wichtig. Diese müsste eigentlich von Ihrem Vorgesetzten kommen. Bedauerlicherweise stößt man in Betrieben aber immer wieder auf Vorgesetzte, die sich lieber die Zunge abbeißen, anstatt einem Mitarbeiter nach einer guten Leistung eine positive Rückmeldung zu geben. Begründet wird das Zurückhalten von Anerkennung häufig wie folgt:

- „Meine Mitarbeiter sollen durch Anerkennung nicht übermütig werden und sich nicht auf ihren Lorbeeren ausruhen."
- „Wenn ich nichts sage, ist alles in Ordnung, das ist doch Anerkennung genug. Sobald jemand fehlerhaft arbeitet, melde ich mich schon."
- „Eine gute Leistung ist doch selbstverständlich. Dafür wird der Mitarbeiter schließlich bezahlt."

Vermutlich sind sich Führungskräfte der mit Anerkennung verbundenen positiven Aspekte (siehe Seite 129) oft nicht bewusst. Fehlen positive Rückmeldungen, tendieren Menschen häufig dazu, aufzugeben oder ihre Bemühungen zu verringern („Wozu sich weiter anstrengen, wenn meine guten Arbeitsergebnisse ohnehin nicht bemerkt werden?").

Hier setzt die Selbstmotivation ein, indem Sie sich selbst loben, sich über die geleistete Arbeit freuen und sich Komplimente für Ihr Engagement machen. Ist Ihnen bewusst, dass Sie nicht für Ihren Chef arbeiten, sondern in erster Linie für sich selbst, werden Sie mit dieser besonderen Form der Belohnung keine Probleme haben.

PRAXIS-TIPP:

Die Belohnungsstrategie dient der Eigenmotivation und führt langfristig zu der Erkenntnis, dass selbst das Erledigen unliebsamer Aufgaben in Ihnen positive Gefühle auslösen kann.

Es gibt Diebe, die von den Gesetzen nicht bestraft werden und dem Menschen doch das Kostbarste stehlen: die Zeit.

NAPOLEON BONAPARTE

Geben Sie Zeitdieben keine Chance

Sicher begegnen auch Ihnen Zeitdiebe:

- Unangemeldete Gäste reißen uns aus wichtigen oder schwierigen Arbeiten heraus. Oft werden diese sofort empfangen, weil man glaubt, etwas zu verpassen, wenn man sie nicht anhört. Tatsächlich wollen viele Besucher nur mal vorbeischauen, überbringen keine relevanten Informationen, sind einfach da und kosten Zeit.

  Ihre Reaktion, um das Gespräch so kurz wie möglich zu halten: Stehen Sie zur Begrüßung auf und setzen Sie sich nicht mehr hin. Bieten Sie dem Besucher gar nicht erst einen Platz an und führen Sie das Gespräch sachlich, höflich und schnell: „Wegen eines dringenden Termins habe ich kaum Zeit. Lassen Sie uns bitte gleich zur Sache kommen. Worum geht es?" Zeichnen sich Ergebnisse ab, so beenden Sie das Gespräch mit einer

Formulierung, die Ihren Zeitdruck deutlich macht: „Gut, das wäre geregelt. Sie entschuldigen mich, nun muss ich aber ...".

- Ständig klingelt das Telefon. Diese Störung stellt oft genug eine besondere Form des unangemeldeten Besuchs dar, wobei die Gespräche meistens unnötig lang sind. Aktivieren Sie, solange Sie intensiv arbeiten und Aufgaben höherer Priorität erledigen, den Anrufbeantworter bzw. die Mailbox oder lassen Sie eingehende Anrufe umleiten.
- Lange und oftmals schlecht vorbereitete Besprechungen mit unbefriedigenden Ergebnissen lassen Ihr Zeitbudget zerbröseln. Versuchen Sie, Meetings auf das Wichtige zu reduzieren und durch eine Auflistung der zu besprechenden Tagesordnungspunkte zu strukturieren.
- Sicherlich gehören private Gespräche mit Kollegen während der Arbeitszeit auch zur Sozialhygiene einer Firma. Unterhaltungen mit Kollegen sind nett und erholsam, so dass wir sie nicht missen wollen. Werden Sie aber ständig aus Ihrem Schaffen gerissen, erweist sich der Small Talk als kontraproduktiv. Addieren Sie die Zeiten für den „kleinen Schwatz zwischendurch" für den Zeitraum eines Monats, erschrecken Sie vermutlich über das hohe Zeitvolumen. Aber keine Regel ohne Ausnahme: Zweigen Sie für Menschen, mit denen Sie sich gut verstehen, den einen oder anderen Moment des ausgefüllten Arbeitstags ab. Treffen Sie sich mit ihnen, lachen Sie zusammen oder schütten Sie gelegentlich Ihr Herz aus.
- Betreiben Sie eine Politik der offenen Tür, folgen Ihre Mitmenschen dieser Einladung ohne schlechtes Gewissen und wirken als permanente Störquellen. Besser wäre in einem solchen Fall die Politik der begrenzt offenen Tür. Sobald Sie zu sprechen sind, lassen Sie die Tür zu Ihrem Büro offen. Solange Sie jedoch konzentriert arbeiten, machen Sie deutlich, dass Sie keine Störung möchten und für diese Zeit auch nicht zu sprechen sind. Schließen Sie Ihre Tür.

Viele kleine Aufgaben stehlen ebenfalls unsere Zeit und wachsen in der Summe zu einem Problem heran. Häufig lassen wir uns durch solche Routinearbeiten nur allzu gern ablenken, um Anliegen höherer Priorität vor uns herzuschieben. Mit diesem Verhalten rauben wir uns letztendlich selbst Zeit.

- Die Eingangspost wird zunächst durchgesehen, um später erledigt zu werden. Jedes Schriftstück wird mehrfach in die Hand genommen. Es ist ratsam, sofort aktiv zu werden und die Post beim ersten Durchsehen zu bearbeiten, zum Beispiel Unwichtiges in den Papierkorb verbannen, wichtige

Textstellen markieren, Bearbeitungsvermerke anfügen, Nachrichten an andere Stellen weiterleiten, Dringendes sofort erledigen (siehe Seite 68).

- Immer wieder das Postfach anzuklicken, ob eine neue E-Mail vorliegt, stellt ebenfalls eine Ablenkungs-, Vermeidungs- und Aufschiebe-Strategie dar. Viele Berufstätige lassen sich von jeder eingehenden E-Mail verleiten, den Tagesplan über den Haufen zu werfen und sich sogleich mit der neuen Nachricht zu beschäftigen. Seien Sie mutig und versuchen Sie nur zwei- oder dreimal täglich das elektronische Postfach zu öffnen. Bearbeiten Sie E-Mails nicht in Ihren Hochleistungsphasen, sondern heben Sie sich diese Tätigkeit für Zeiten auf, in denen Sie ein natürliches Leistungstief verspüren (siehe Seite 63). Stellen Sie Ihr E-Mail-Programm so ein, dass Sie nicht ständig in Form eines Signaltons oder einer Mitteilung auf dem Bildschirm durch eintrudelnde E-Mails gestört werden.

- Bei vielen Menschen hat das Internet die Rolle eines Zeitdiebes übernommen, denn es stellt eine verführerische Ablenkung dar. Sie suchen nach einer Information, rufen weiterführende Links auf, surfen rund um den Erdball – und die Uhr tickt gnadenlos. Limitieren Sie Online-Zeiten und verschieben Sie anfallende Recherchen in die weniger leistungsstarken Zeiten.

Beobachten Sie sich: Sobald Sie Situationen erkennen, in welchen Sie sich selbst aufhalten, stehen Sie sich nicht länger im Weg. Wägen Sie ab, welche Aufgaben die höchste Priorität haben und vorrangig erledigt werden müssen und gewöhnen Sie sich auf diese Weise eine effiziente Arbeitsweise an.

Würde Ihnen ein Dieb Ihr Hab und Gut entwenden, setzten Sie sich selbstverständlich zur Wehr. Sehen Sie folglich auch nicht tatenlos zu, wenn Ihnen Ihr wichtiges Gut Zeit gestohlen wird. Wirken Sie Zeitdieben im Rahmen Ihrer Möglichkeiten entgegen. Schließlich tragen Sie selbst für Ihre Zeit die Verantwortung!

Sie kennen die Situation: Ein Kollege, Vorgesetzter, Mitarbeiter oder Vertragspartner bittet Sie unverhofft, für ihn tätig zu werden, ihn zu unterstützen oder zu helfen:

- „Könnten Sie nicht eben für mich …"
- „Darf ich nur mal schnell Ihre Hilfe in Anspruch nehmen …"
- „Ohne Sie schaffe ich es nicht …"
- „So gut wie Sie kann es niemand …"
- „Ich habe da eine kleine Bitte …"

Obwohl Sie diesem Wunsch eigentlich nicht nachkommen wollen, lassen Sie sich überrumpeln und sagen „ja". Schnell merken Sie, dass Sie das Ausmaß des zugesagten Engagements unterschätzt haben oder sich nun mit einer Gefälligkeit beschäftigen müssen, die Ihnen überhaupt keinen Spaß macht. Jetzt stehen Sie im Wort und widmen sich möglicherweise zähneknirschend Arbeiten, die Ihre Zeit und Energie erheblich in Anspruch nehmen. Sie werden vermutlich auch dann aktiv, wenn Sie von Ihrem Gegenüber durch manipulatives Vorgehen zu einer Zusage verleitet wurden:

- „Wenn Sie etwas für Ihre Beurteilung tun wollen, dann sollten Sie jetzt …" (Nötigung)
- „Ich erwarte von Ihnen, dass Sie die Aufgabe widerspruchslos übernehmen." (Druck)
- „Sie sind derjenige, der wegen seiner besonderen Qualifikation diese Arbeit mit den besten Erfolgsaussichten abschließen kann." (Schmeichelei)
- „Wenn Sie nicht helfen, ist alles zu spät, dann geht alles den Bach runter. Sie können mich doch jetzt nicht hängen lassen." (Mitleidsmasche)

Bevor Sie sich überrumpeln lassen und voreilig „ja" sagen, wäre ein Moment des Nachdenkens ratsam:

- „Lassen Sie mir einen Augenblick/ein paar Minuten Zeit. Ich muss erst einmal sehen, ob und wann ich diese Arbeit noch irgendwie unterbringen kann."
- „Das muss ich mir durch den Kopf gehen lassen. Geben Sie mir etwas Bedenkzeit. Ich rufe Sie innerhalb der nächsten 30 Minuten wieder an."
- „Ich möchte nichts übers Knie brechen. Diese Aufgabe ist zu wichtig, um im Fall einer Zusage nur halbherzig bei der Sache zu sein. Bei meinen Überlegungen bin ich ergebnisoffen, spätestens morgen steht meine Entscheidung."

Diese kurze Phase nutzen Sie für Ihre Entscheidung, ob Sie „ja" oder „nein" sagen und wie Sie im Fall einer Ablehnung vorgehen wollen. Sie vermitteln so von sich den Eindruck, nicht zu den prinzipiellen Neinsagern zu zählen, sondern Ihre Entscheidungen wohlüberlegt und wohlwollend zu treffen.

Bitten ablehnen – diese Fragen sollten Sie sich stellen:

- Was genau möchte mein Gegenüber von mir? Was führt er im Schilde?
- Entspricht sein Wunsch zumindest teilweise meiner Interessenlage?
- Geht mir diese Arbeit völlig gegen den Strich?
- In welchem Umfang müsste ich zusätzlich aktiv werden?
- Sollte der Umfang der Aufgabe gering sein: Wie kann ich ihn dennoch als Belastung verkaufen, um mir eine bessere Position bei künftigen eigenen Hilfeersuchen zu sichern?
- Welche meiner sonstigen Verpflichtungen kämen zu kurz, wenn ich dieser Bitte nachkomme?
- Hat sich mein Gegenüber in der Vergangenheit häufiger von mir helfen lassen?
- War mein Gegenüber in der Vergangenheit bereit, die eigenen Interessen hin und wieder zurückzustellen und mir bereitwillig zu helfen?
- Wie wichtig ist mir diese Person? In welchem Maße bin ich auf sie angewiesen?
- Lässt sich mit einer Zusage mein Image verbessern?

Sicherlich gibt es gute Gründe, in bestimmten Situationen einer Anfrage nachzukommen. Dann beachten Sie aber, von wem und wie lange Sie sich vereinnahmen lassen. Auf keinen Fall darf Ihre Hilfsbereitschaft dazu führen, dass Ihre eigene Arbeit leidet und Mitmenschen oder Kollegen ein Mitbestimmungsrecht an Ihrer Arbeitszeit einfordern.

Lernen Sie „nein" zu sagen

Sie werden nicht „Everybody's darling", wenn Sie versuchen, ständig die Erwartungen anderer Menschen zu erfüllen. Kommen Sie Ihren Mitmenschen stets entgegen, wird das schamlos ausgenutzt. Ihr Bemühen, es allen recht machen zu wollen, führt schließlich dazu, dass Sie wegen Ihres erkennbar schwach ausgebildeten Durchsetzungsvermögens belächelt werden und man Ihnen gegenüber den erforderlichen Respekt vermissen lässt. Denn nach dem Gesetz von Angebot und Nachfrage büßt eine leicht zu erzielende Zusage an

Wert ein. Über unbewusst gesendete körpersprachliche Signale (z. B.
fehlender oder unsteter Blickkontakt, zum Boden schauen, fahrige Handbewegungen, Kratzen am Kopf, Finger am Mund, Zupfen an der Kleidung, Herumrutschen auf dem Sitz) verraten Sie, dass Sie die Opferrolle akzeptieren und sich
ausnutzen lassen.

Setzen Sie zur rechten Zeit ein entschiedenes, dennoch höfliches „Nein"
entgegen, müssen Sie sich später nicht ärgern, nachgegeben zu haben oder
skrupellos von anderen übervorteilt und ausgenutzt worden zu sein. Das Gegenteil tritt ein: Sie tun nur das, was Sie für richtig halten. Sie sind stolz auf
sich, weil Sie sich durchgesetzt haben. Als Folge werden Sie in Zukunft nicht
mehr so häufig ausgenutzt und von anderen bei Ihrer Arbeit gestört.

Gehören Sie zu den gutmütigen Menschen, die ein Problem haben, „nein"
zu sagen? Überprüfen Sie sich bitte selbst:

Test: Können Sie „nein" sagen?

	Stimmt	Stimmt nicht
Ich will nicht abgelehnt werden, sondern möchte als freundlicher und sympathischer Mensch gelten.	☐	☐
Ich möchte nicht verantwortlich gemacht werden, wenn sich jemand auf mich verlassen hat und dann in Schwierigkeiten gerät.	☐	☐
Ich fürchte, dass es zu Konflikten kommen kann. Das Leben ist viel zu kurz, um es sich wegen dieser Kleinigkeiten schwer zu machen.	☐	☐
Ich möchte nicht, dass Kollegen glauben, ich wäre fachlich zu keiner Hilfestellung fähig.	☐	☐
Ich hätte ein schlechtes Gewissen, wenn man mich als herzlos und egoistisch einordnen würde.	☐	☐
Ich will nicht als unkollegial gelten. Es gehört sich nicht, einen Hilfesuchenden im Regen stehen zu lassen.	☐	☐
Ich kann im Gegenzug auch nicht mehr mit Hilfestellung rechnen, wenn ich mich verweigere.	☐	☐

	Stimmt	Stimmt nicht
Ich will kein Spielverderber sein oder als Eigenbrötler gelten. Andere Personen sind auch zu Hilfestellungen bereit.	☐	☐
Ich möchte durch meine Ablehnung keinen Freund, Partner oder guten Kollegen verlieren.	☐	☐
Ich weiß, dass ich selbst die Schuld trage, wenn ich wegen meiner geringen Durchsetzungskraft zusätzliche Aufgaben übernehme und anschließend die eigene Arbeit nicht schaffe.	☐	☐
Den Auftrag eines Vorgesetzten abzulehnen, kann schwerwiegende Folgen haben, die ich vermeiden will.	☐	☐
Das Gefühl, unentbehrlich zu sein, anderen einen Gefallen zu erweisen, zu helfen und gebraucht zu werden, tut mir gut.	☐	☐

Die Mehrzahl der Leser wird sich vermutlich überwiegend für „stimmt" entschieden haben. „Stimmt nicht" wurde entweder überhaupt nicht oder eher zögerlich angekreuzt. Gutmütigkeit hin oder her: Auch wenn ein Kollege Sie hilfesuchend anspricht, sollten Sie Ihr Zeitbudget und Ihre Energiebilanz nicht aus den Augen verlieren und nötigenfalls mit einem „Nein" reagieren.

WICHTIG: Das Ablehnen von Hilfe kann im Einzelfall unsozial sein. Oft genug wird aber übersehen, dass auch die Bitte um Hilfe unkollegial sein kann. Es gibt Bittsteller, die sich als egoistische Schmarotzer zulasten Dritter von eigenen Verpflichtungen befreien oder unangenehme oder besonders riskante Arbeiten abwälzen möchten. Indem diese Personen einem Dritten eine Arbeit „aufs Auge drücken", wählen sie für sich den bequemeren Weg.

Kümmern Sie sich mit Ihrem Helfersyndrom immer um die Anliegen und Bedürfnisse Ihrer Mitmenschen, kommen Sie kaum zu Ihrer eigentlichen Arbeit. Ihre bedeutsamen eigenen Aufgaben werden verzögert, jede wohldurchdachte Zeitplanung werfen Sie über den Haufen und Ihre Handlungs- und

Planungsspielräume werden zunichte gemacht. Über kurz oder lang geraten Sie in eine nicht enden wollende Negativ-Spirale.

Solange Sie nicht ab und an „nein" sagen, ist nach einiger Zeit der Schreibtisch so voll, dass Sie überhaupt nicht mehr wissen, wo Sie anfangen sollen. Dann schieben Sie die eigenen Arbeiten und Aufgaben vor sich her, mit den in Kapitel 2 beschriebenen unangenehmen Begleiterscheinungen. Wollen Sie Ihrem Gegenüber eine Abfuhr schonend beibringen, vergegenwärtigen Sie sich, dass der Ton die Musik macht. Etwas Diplomatie ist angebracht, damit Ihr „Nein" weder verletzend wirkt, noch Ihr Gesprächspartner sich vor den Kopf gestoßen fühlt.

- Bringen Sie Ihr „Nein" zögerlich zum Ausdruck oder tun Sie sich schwer, Ihrem Gegenüber furchtlos in die Augen zu sehen, wird Ihr Gesprächspartner nachsetzen. Er wittert noch eine Chance, Sie umzustimmen und wird so lange auf Sie einwirken, bis er mit Ihrem „Na gut." oder „Nur noch dieses Mal" sein Ziel erreicht hat. Hier ist Ihre Standhaftigkeit gefragt:
  - „Ihnen ist es sehr wichtig, mich umzustimmen. Dennoch muss ich wiederholen, dass es nicht klappt."
  - „Auch wenn Sie alle Register ziehen, tut mir leid, aber das wirkt heute nicht."
  - „Da mir eine Ablehnung nicht leicht fällt, habe ich mit mir gerungen. Aber ich bedaure, da ist nichts zu machen."
- Damit Ihre Ablehnung akzeptiert wird, reagieren Sie bestimmt, überzeugend und eindeutig. Reden Sie nicht lange um den heißen Brei herum, denn dieses Verhalten lässt auf mangelnde Souveränität schließen.
- Ihre Zurückweisung sollte weder unfreundlich oder schroff sein. Sie bleiben hart in der Sache, aber freundlich im Ton.
- Vermeiden Sie schnell durchschaubare Ausreden, Notlügen und Rechtfertigungen.
- Ihrem Gesprächspartner sollten Sie den Eindruck vermitteln, dass sich Ihr „Nein" auf die Sache bezieht und nichts mit seiner Person zu tun hat:
  - „Ich tue das prinzipiell nicht und mache deshalb auch keine Ausnahme."
  - „Es hat nichts mit Ihnen zu tun, da kann kommen wer will, es geht einfach nicht."

So können Sie reagieren

Sie sind zwar nicht verpflichtet, Ihr „Nein" zu rechtfertigen, doch eine Begründung (keine Entschuldigung) hilft dem Gesprächspartner, Ihre Ablehnung zu verstehen.

Antworten Sie respektvoll mit einem klaren, aber nicht brutalen „Nein", ohne irgendwelche Angebote zu machen.

Ablehnung

- „Nun, ich helfe wirklich gern. Ich habe nur leider alle Hände voll zu tun. Es tut mir leid."
- „Mir gefällt diese Arbeit auch nicht. Das ist nun einmal Ihre Arbeit, da will ich mich nicht einmischen."
- „Ich würde ja gern helfen, aber ich kann beim besten Willen nicht. In einer Stunde beginnt das Abteilungsmeeting, auf das ich mich jetzt vorbereiten muss. Was danach anliegt, kann ich noch nicht überblicken."
- „Sie können mich jederzeit ansprechen. Aber jetzt passt es mir überhaupt nicht. Bitte haben Sie Verständnis."
- „Dass Sie unter großem Druck stehen, ist sehr bedauerlich und tut mir wirklich leid. Dennoch sehe ich leider keine realistische Möglichkeit, Ihnen Hilfe anzubieten."
- „Ich habe meine Hilfe schon Frau/Herrn ... zugesagt. Mehr kann ich nicht übernehmen, tut mir leid."
- „Ich freue mich, dass Sie an mich gedacht haben. Unter anderen Umständen würde ich gern für Sie einspringen. Aber Sie wissen, wie vollgepackt mein Arbeitstag ist. Ich sehe deshalb keine Möglichkeit."
- „Bitte akzeptieren Sie, dass ich Ihrer Bitte nicht folgen kann. Ich weiß nicht, wo mir der Kopf steht."
- „Das ist ein reizvolles Angebot, aber leider geht es beim besten Willen nicht."
- „Wenn ich hierfür Zeit hätte, wären Sie mein Wunschpartner. Ich muss schweren Herzens ablehnen, es fehlt mir einfach die Zeit."

Sie können auch für den Moment ablehnen und für später Ihre Hilfe anbieten. Ihr Gegenüber müsste bis zu dem angegebenen Termin warten, was ihm zumeist nicht passen wird. Eventuell wird er sein Hilfegesuch aufgeben, nach dem Motto: „Das ist zu spät, da muss ich mir etwas anderes einfallen lassen."

Einen Ersatztermin anbieten

- „Ich helfe wirklich gern, aber der Zeitpunkt passt mir überhaupt nicht. Wie wäre es, können wir uns morgen um 9.00 Uhr abstimmen?"
- „Ihre Bitte kommt mir jetzt völlig ungelegen. Sprechen Sie mich am besten am Montag noch einmal an."
- „Ich kann das jetzt nicht tun, bin aber bereit, mir in der nächsten Woche bei einem kurzen Treffen die Aufgabe nochmals anzusehen."
- „Ich kümmere mich gern um diese Sache. Bitte geben Sie mir dazu Zeit bis zum Monatsende."

Ihre Ablehnung können Sie auch mit einem kurzen Dialog über das Problem verbinden. Sie stehen somit zeitlich begrenzt als Gesprächspartner zur Verfügung. Lassen Sie es in einer solchen Situation nicht zu, dass der Mitarbeiter das Problem bei Ihnen ablädt. Sonst werden Sie mit dem Akzeptieren der Rückdelegation zum besten Mitarbeiter Ihres Mitarbeiters. Sie geben Hilfestellung, achten aber darauf, dass der Kollege anschließend das Problem wieder mitnimmt.

Kurze Hilfestellung geben

- „Nun, das ist Ihre Aufgabe, die ich Ihnen nicht abnehmen werde. Aber zur Sache können wir uns kurz austauschen."
  - „Welchen Lösungsweg schlagen Sie vor?"
  - „Welche Alternativen schlagen Sie vor?"
  - „Welche Informationen benötigen Sie von mir, damit Sie diese Aufgabe gut erledigen und eine Entscheidung treffen können?"

Sie können Ihr „Nein" auf die Erledigungsdauer reduzieren. Erkennt Ihr Gesprächspartner, dass ihm mit der angebotenen Zeitspanne nicht gedient ist, zieht er eventuell seine Bitte zurück.

Zeitlich begrenzte Hilfestellung anbieten

- „Mir läuft die Zeit durch die Finger. Mehr als fünf Minuten kann ich Ihnen nicht anbieten."
- „Ich mache gern mit, muss aber – ob es Ihnen gefällt oder nicht – nach einer halben Stunde die Diskussionsrunde verlassen."

Im Gegenzug für Ihre vermeintliche Zustimmung verlangen Sie von Ihrem Gegenüber einen Gefallen. Sie bieten ihm somit einen Kuhhandel an: Würde Ihre Unterstützungsforderung erhebliche Zeit und Energie Ihres Gesprächspartners binden, kommt er möglicherweise ins Grübeln, ob er tatsächlich Ihre Hilfe in Anspruch nehmen möchte.

Gegenleistung einfordern

- „Natürlich erledige ich das für Sie. Allerdings sollten Sie mir dann in folgender Angelegenheit helfen ..."
- „Sie wissen: Eine Hand wäscht die andere. Wenn ich Ihnen helfe, müssten Sie mir zusagen, mich in der Sache ... tatkräftig zu unterstützen."
- „Komme ich Ihnen in diesem Fall entgegen, sind Sie sicherlich zu einem Ausgleich bereit, wenn ich einmal Hilfe brauche. Kann ich dann ohne Vorbehalte auf Sie zählen?"

Sie können auch Ihre Hilfe in Aussicht stellen, wenn bestimmte Bedingungen erfüllt sind. Der Bittsteller sollte in Vorleistung gehen, was dazu führen kann, dass er nichts mehr von sich hören lässt.

Bedingungen stellen

- „Ich lasse mir das durch den Kopf gehen. Vorher benötige ich noch einige Informationen. Bitte stellen Sie alle Eckdaten zusammen, damit ich mir ein Bild machen kann."
- „Wenn Sie die erforderlichen Vorarbeiten geleistet haben, kann ich gern einen Blick darauf werfen."

Sie können auch auf andere Möglichkeiten verweisen, ohne selbst Teil der Lösung zu werden.

Weitere Optionen nennen

- „Das Problem ist sehr vielschichtig. Ich glaube, Herr/Frau ... könnte Ihnen viel besser helfen. Bis ich mich eingearbeitet hätte, verginge zu viel Zeit, die ich einfach nicht investieren kann."
- „Weshalb delegieren Sie dieses Problem nicht an ...? Ich kann beim besten Willen nicht, ich muss noch einige Aufgaben abschließen, es tut mir leid."
- „Da ich Ihnen nicht zur Verfügung stehe, sollten Sie überlegen, ob sich der Erledigungstermin, durch den Sie sich momentan unter Druck gesetzt fühlen, verschieben lässt. Eine Terminverlängerung sollte doch möglich sein."
- „Aus eigenen Stücken kann ich das nicht übernehmen. Da müssen Sie schon meinen Vorgesetzten fragen. Aber wie ich den kenne, wird er nicht besonders beglückt reagieren."
- „Ist das wirklich so wichtig? Ich würde da vorerst nichts tun, sondern abwarten, was geschieht."

Wer kennt sie nicht – die vielen „Bitte-machen-Sie-doch-noch-schnell-dies-und-das"-Anweisungen von Vorgesetzten. Wie Sie auf einen Auftrag Ihres Vorgesetzten reagieren, den Sie abwehren bzw. erst dann erledigen möchten, wenn es Ihre Zeitplanung zulässt, sehen Sie an den folgenden Beispielen. Gehen Sie diplomatisch vor, denn bei einer Ablehnung hätten Sie künftig möglicherweise schlechte Karten bei Ihrem Vorgesetzten. Geben Sie ihm besser einen Einblick in Ihre Situation, was dazu führen kann, dass der Auftrag an andere Mitarbeiter übertragen wird.

Reaktion auf Anfragen von Vorgesetzten

- „Bitte lassen Sie mich erst diesen Vertrag, an dem ich jetzt schon den ganzen Tag sitze, abschließend konzipieren. Danach stehe ich Ihnen gern zur Verfügung."
- „Gern will ich diese zeitaufwändige Arbeit sofort erledigen. Ich muss Sie allerdings darauf aufmerksam machen, dass ich dann die Bearbeitung

---

der Beschwerde des sehr wichtigen und leider außerordentlich ungeduldigen Kunden, Herrn/Frau ..., hinausschieben muss."

- „Sollte ich Ihren Auftrag vorziehen, kann ich allerdings die Herrn ... gegebene Zusage nicht mehr einhalten und muss ihn auf die nächste Woche vertrösten. Ist das in Ihrem Sinne?"
- „Danke, dass Sie bei dieser Projektleitung an mich gedacht haben. Wenn ich diese Aufgabe zusätzlich übernehme, lassen sich nicht mehr sämtliche zwischen uns vereinbarten Erledigungstermine halten. Welche Termine sollte ich dann nach Ihrer Meinung strecken?"
- „Natürlich übernehme ich gern diesen Auftrag. Allerdings ist dann eine Unterstützung zwingend erforderlich. Hier stelle ich mir vor ..."

Betrachten Sie Ihre Zeit als ein kostbares Gut und gehen Sie mit ihr keinesfalls verschwenderisch um. Viele unter Zeitdruck leidende Menschen verfügen über ein unzureichendes Zeitmanagement und haben zu oft „ja" gesagt. Scheuen Sie sich nicht, der eigenen Interessenlage gerecht zu werden und von Fall zu Fall ein überzeugendes „Nein" von sich zu geben. Dann steht Ihnen mehr Zeit für die termingerechte Aufgabenerledigung zur Verfügung und es besteht für Sie weniger Veranlassung, Arbeiten vor sich her zu schieben.

PRAXIS-TIPP:

Bittsteller sind Zeitdiebe: Sie stehlen Ihnen Zeit und damit Momente Ihres Lebens! Bemerken Sie diese Zeitdiebe, akzeptieren Sie sie nicht verärgert oder lassen sie resignierend gewähren. Setzen Sie sich vielmehr ohne ein schlechtes Gewissen durch. Für Sie sollte gelten: ein klares „Ja" zum „Nein"!

Reduzieren Sie Störungen

Zweifellos werden Sie, wenn Sie ungestört arbeiten können, das größte Arbeitspensum erledigen. Jede Störung beeinträchtigt empfindlich Ihren Arbeitsrhythmus und stellt für Sie einen Zeitverlust dar.

Es ist bekannt, dass es sehr viel länger braucht, sich nach einer Unterbrechung wieder auf etwas zu konzentrieren, als die eigentliche Unterbrechung überhaupt dauerte. Durch die unnützen Störungen und die daraus folgende

Zeit, die Sie benötigen, um Ihre Aufmerksamkeit wieder auf die eigentliche Arbeit zu richten, tritt ein „Sägeblatt-Effekt" ein, durch den bis zu 28 Prozent der Arbeitszeit am Tag verloren gehen.

Manche Störungen sind unabwendbar, so dass Sie Ihre momentane Arbeit unterbrechen müssen. Damit Sie wissen, wo Sie beim späteren Einstieg wieder starten, notieren Sie kurz, an welchem Punkt Sie gerade sind bzw. welcher Gedanke Ihnen im Moment der Unterbrechung durch den Kopf geht.

US-amerikanische Wissenschaftler fanden heraus, dass ein Angestellter sich gerade elf Minuten einer Aufgabe widmen kann, bevor er unterbrochen wird. Was noch schlimmer ist: Nach der unfreiwilligen Pause dauert es teils bis zu 25 Minuten, bis man sich wieder in seine Aufgabe hineingedacht hat. Wie Ihre Leistungsfähigkeit darunter leidet, sehen Sie an folgender Darstellung des „Sägeblatt-Effekts".

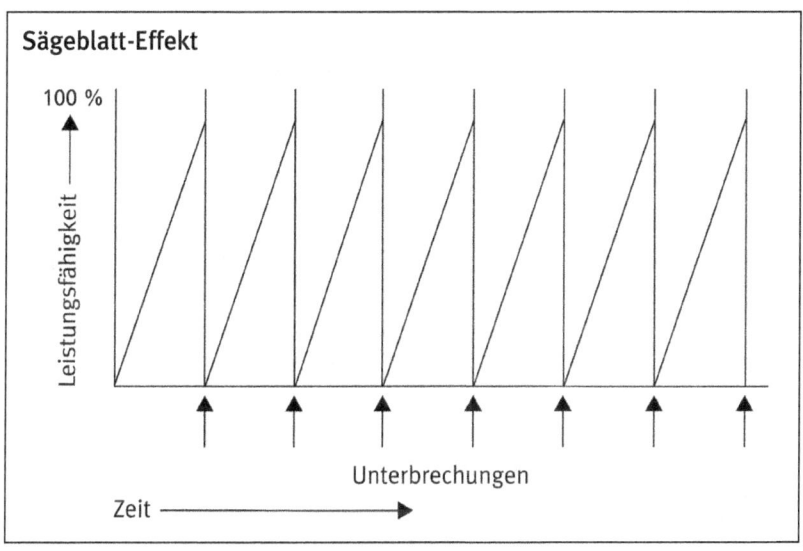

Ein Motor, den Sie nur einige Augenblicke laufen lassen und dann wieder ausstellen, kommt nicht auf Betriebstemperatur und erreicht bei hohem Energieverbrauch nicht seine volle Leistungsfähigkeit. Ähnlich geht es auch den Menschen. Sie brauchen eine gewisse Zeit, bis sie sich wieder der Leistungsgrenze von 100 Prozent annähern.

Nach mehrfachen Unterbrechungen erlahmt schließlich der Wille, die angefangene Aufgabe zu einem erfolgreichen Ende zu bringen („Weshalb sich erneut konzentrieren, wenn gleich wieder eine Störung eintritt?"). Die Arbeit wird erst einmal ad acta gelegt, am besten für die Zeit nach 17.00 Uhr, wenn im Büro endlich Ruhe einkehrt. Falls sich dann Erschöpfung bemerkbar macht, kann die Arbeit auch am nächsten Tag erledigt werden, denn so schnell brennt doch nichts an – die Aufschieberitis hat wieder gesiegt.

Wir unterscheiden drei Störungsarten:

- Personenbedingte Störungen: Ein Dritter, zum Beispiel Vorgesetzte, Kollege, Mitarbeiter oder Besucher, unterbricht durch persönliches Erscheinen, per Telefon oder per E-Mail überraschend und nicht voraussehbar Ihre Aktivität.

- Sachbedingte Störungen: Dazu zählen zum Beispiel mangelhafte Arbeitsorganisation, fehlende Informationen, ein ergonomisch unzureichender Arbeitsplatz, Lärm- oder Geruchsbelästigung, zu kalte oder zu warme Raumtemperatur, verbrauchte Luft oder ein zugiges Büro.

- Eigenstörungen: In Form von privaten Problemen, Arbeitsunlust oder Tagträumereien lenken auch diese Unstimmigkeiten von einer konzentrierten Arbeitsweise ab.

Forscher haben ermittelt, dass sich Büropersonal durch Eigenstörungen genauso oft selbst ablenkt, wie es von personen- und sachbedingten Störungen unterbrochen wird.

Während bei sachbedingten Störungen organisatorische Veränderungen und bei Eigenstörungen eine verstärkte Eigenmotivation Abhilfe schaffen können, sind bei personenorientierten Unterbrechungen Auszeiten sehr hilfreich.

Planen Sie bei Ihrem Tagesablauf Sperrzeiten ein, in denen Sie durch nichts und von niemandem gestört werden wollen. Unterwerfen Sie sich nicht der Nonstop-Präsenz, sondern nehmen Sie sich bewusst kleine Auszeiten. Dazu gehört, den Anrufbeantworter an- und das Handy auszustellen sowie den Signalton auszuschalten, der anzeigt, dass eine neue E-Mail eingegangen ist. In der Regel werden Sie auch nicht gestört, wenn Sie in einer Besprechung sind, und wenn Sie einen Termin außer Haus haben, sind Sie auch nicht da.

Zusätzlich reservieren Sie für sich selbst hin und wieder eine stille Stunde (3-M-Stunde = Meeting Mit Mir). Sollten diese Termine öfter platzen, liegt es vermutlich an Ihrer eigenen mangelnden Disziplin und Konsequenz.

Die Personen Ihres beruflichen Umfelds werden anfänglich Ihre – zeitlich begrenzten – Abschirmungstendenzen mit Missbehagen verfolgen. Das sollte Ihren Elan Ihre Umwelt zu „erziehen" allerdings nicht bremsen. Hier gilt es, mit einer Ablehnung („Habe jetzt leider keine Zeit.") Durchsetzungsvermögen zu zeigen. Zumindest für die Erledigung Ihrer A-Aufgaben sollte Ihnen eine störungsfreie Zeitspanne zur Verfügung stehen, die Sie sich selbst mittels Sperrzeiten oder stiller Stunden verschaffen. Diese „Nicht-stören-Zeiten" schonen Ihre Nerven und Sie brauchen Ihre wichtigen Arbeiten nicht auf die ruhige Zeit nach Arbeitsschluss verlagern oder ewig aufschieben. Idealerweise legen Sie diese unterbrechungsfreien Zeiten in Ihre leistungsstarken Tagesphasen, in denen Sie zur Hochform auflaufen.

PRAXIS-TIPP:

Versäumen Sie es Störungen zu unterbinden, geraten Sie in eine Spirale von immer weniger Zeit und immer mehr Frustration. Sie sind nicht mehr Herr Ihrer Zeit. Andere Personen nehmen intensiv Einfluss auf Ihre Zeitverwendung und indirekt auch auf Ihre Arbeitsergebnisse. Störungen dürfen Sie nicht als gottgegeben hinnehmen und anschließend über die Unterbrechungen schimpfen. Gegen Störungen können Sie etwas tun!

Lassen Sie sich helfen

Manche Arbeiten werden auf die lange Bank geschoben, weil man nicht weiß, wie sie zufriedenstellend zu bewältigen sind. Halten Sie an dem falschen Ehrgeiz fest, alle Aufgaben und Probleme aus eigenem Wissen und Können gut lösen zu wollen, warten Sie möglicherweise stunden- oder tagelang auf eine Erleuchtung, die einfach nicht kommen will. Auch bei dieser Herangehensweise ist eine versteckte Erledigungsblockade zu erkennen. Schon vor mehr als 2.000 Jahren erkannte der römische Dichter Horaz: „Man muss nicht alles wissen".

Diese Aussage ist nach wie vor aktuell. Eine zunehmende Arbeitsteilung und ein ständig wachsendes Wissen bringen es mit sich, dass immer mehr Menschen über immer weniger immer mehr wissen.

Werden Ihnen Defizite bei einer Aufgabe bewusst, sollten Sie keine unnötige Zeit verschwenden, Ihr Gehirn erfolglos strapazieren oder aus falschem Stolz auf die Hilfe anderer Personen verzichten. Akzeptieren Sie, dass Sie die Rolle des Allwissenden nicht ausfüllen können. Offenbaren Sie sich lieber einen Moment lang als unwissend, als ewig unwissend zu bleiben. Ihre Frage „Ich komme mit einem Problem nicht weiter. Vielleicht können Sie mir mit einer Idee oder einem Tipp helfen. Es geht um Folgendes ..." kann wahre Wunder wirken. Zumeist wird Ihnen Hilfe gewährt, weil sich der Angesprochene gut fühlt, wenn er helfen kann und sein Rat gefragt ist. Es stellt auch keinen Autoritätsverlust dar, wenn Sie das Know-how eines Ihrer Mitarbeiter nutzen.

Möglicherweise erhalten Sie auf Ihre freundliche Frage hin Informationen, wie ein Unbeteiligter ohne Scheuklappen das Problem sieht. Das kann eine Änderung Ihres Blickwinkels ermöglichen und Sie zu Erkenntnissen führen, auf die Sie im stillen Kämmerchen nie gestoßen wären.

Jeder Mensch hat unterschiedliche Fähigkeiten oder macht manche Dinge lieber als andere. Bei Arbeiten, die Ihnen nicht auf den Leib geschneidert sind, sollten Sie überlegen, ob ein Kollege einspringen kann, der diese Art von Aufgaben gern erledigt. Im Gegenzug könnten Sie etwas von ihm übernehmen, das Ihnen leicht von der Hand geht. Damit konzentrieren Sie sich auf Ihre Stärken und setzen Ihre kostbare Zeit effektiv ein.

PRAXIS-TIPP:

Da noch kein Meister vom Himmel gefallen ist, haben Sie künftig keine Skrupel, Sachverhalte zu erfragen oder sich Ausführungen zeigen zu lassen. In der Kindersendung „Sesamstraße" wurde früher aus gutem Grunde gesungen: „Wieso, weshalb, warum – wer nicht fragt, bleibt dumm." Und denken Sie bitte daran: Fragen kostet nichts. Auch lassen sich manche Aufgaben zu zweit schneller, besser und mit mehr Freude erledigen als alleine.

> Das grundlegende Geheimnis der
> Kunst des Managens besteht im Delegieren.
> CYRIL NORTHCOTE PARKINSON

Delegieren Sie

Es kann sein, dass, obwohl Sie alle Empfehlungen zur Verbesserung Ihres Zeitmanagements praktizieren, die anfallende Arbeit Ihre Kräfte übersteigt. Wollen Sie nicht wieder mit dem Aufschiebeverhalten liebäugeln, bleibt Ihnen ein Ausweg: Fassen Sie ein verstärktes Delegieren ins Auge.

Wir verstehen unter Delegation:

- Übertragung von Aufgaben oder Tätigkeiten aus dem Funktionsbereich eines Vorgesetzten auf einen Mitarbeiter sowie
- Zuweisung der für die Aufgabenerfüllung notwendigen sachlichen, finanziellen und personellen Kompetenzen (z. B. Rechte oder Befugnisse, alle zur Erfüllung der Aufgabe notwendigen Handlungen vorzunehmen und Entscheidungen selbstständig zu fällen) sowie
- Verantwortung für die sachgerechte Durchführung der Aufgabe übertragen. Das umfasst die Handlungsverantwortung und die Bereitschaft des Mitarbeiters, über Erfolg und Misserfolg Rechenschaft abzulegen.

In welchem Ausmaß sind bei Ihnen die Bereitschaft und Fähigkeit zur Delegation vorhanden? Unterziehen Sie sich bitte ohne zu mogeln einem kleinen Test:

Test: Können Sie delegieren?

	Ja	Nein
Nehmen Sie hin und wieder Arbeit mit nach Hause, die Sie während der Arbeitszeit nicht geschafft haben?	☐	☐
Wenden Sie Zeit für Routineaufgaben auf, die eigentlich auch Ihre Mitarbeiter erledigen könnten?	☐	☐
Widmen Sie sich Tätigkeiten oder Problemen, die Sie in Ihrem vorherigen Verantwortungsbereich zu erledigen bzw. zu lösen hatten?	☐	☐
Setzen Sie sich mit Arbeiten auseinander, die Ihnen Freude bereiten, die aber auch Ihren Mitarbeitern übertragen werden könnten?	☐	☐
Müssen Sie sich abmühen, Termine einzuhalten?	☐	☐
Ist Ihr Schreibtisch überhäuft, wenn Sie einige Tage nicht in der Firma waren?	☐	☐
Haben Sie Schwierigkeiten, sich Zeit und Ruhe für wirklich wichtige Aufgaben zu nehmen?	☐	☐
Nehmen Sie Mitarbeitern Arbeiten ab, die diese nicht bewältigen?	☐	☐

	Ja	Nein
Arbeiten Sie durchschnittlich länger als 40 Stunden in der Woche?	☐	☐
Wollen Sie möglichst an allem beteiligt sein und über alles informiert werden?	☐	☐

Auswertung:

- 0 bis 2 Ja-Anworten:
  Herzlichen Glückwunsch. Sie sind jetzt schon ein ausgezeichneter Delegierer.

- 3 bis 4 Ja-Antworten:
  Als durchschnittlicher Delegierer haben Sie vermutlich den Ehrgeiz, sich nicht mit Durchschnittlichem zu begnügen. Entnehmen Sie den Seiten 91 bis 97 viele verwertbare Denkanstöße, um zukünftig vermehrt Aufgaben zu delegieren.

- Mehr als 4 Ja-Antworten:
  Bei Ihnen ist positives Denken angesagt. Sie sollten sich in Ihrem eigenem Interesse intensiv mit der Möglichkeit beschäftigen, Arbeiten abzugeben, damit Sie sich auf Ihre wichtigen Aufgaben konzentrieren können. Arbeiten Sie in dieser Hinsicht nicht bald an sich, kann es Ihnen so ergehen, wie es Eugen Roth in einem Vierzeiler darstellt:

  Ein Mensch sagt – und ist stolz darauf –
  er geh in seinen Pflichten auf.
  Bald aber, nicht mehr ganz so munter,
  geht er in seinen Pflichten unter.

Bauen Sie Vorbehalte ab

Möglicherweise verhindern Ihre persönlichen Erfahrungen bisher einen intensiveren Einsatz des Führungsmittels Delegation. Überprüfen Sie das bitte, indem Sie spontan ankreuzen, welche Statements auf Sie zutreffen:

Checkliste: Betrachten Sie Delegation skeptisch?

1. Weshalb soll ich eine Arbeit delegieren, wenn ich sie selbst besser erledigen kann? ☐

2. Meinen Mitarbeitern fehlt die Erfahrung. Deshalb will ich sie nicht überfordern. ☐

3. Es geht schneller, wenn ich es selbst mache und ich spare kostbare Zeit. ☐

4. Meine Mitarbeiter klagen über zu viel Arbeit, da kann ich nicht auch noch delegieren. ☐

5. Wie sieht es aus, wenn meine Mitarbeiter die von mir bisher erledigten Aufgaben besser bewältigen als ich? ☐

6. Durch Delegation verliere ich den Überblick und weiß nicht mehr, was in meinem Bereich geschieht. ☐

7. Mit einem umfangreichen Arbeitspensum bin ich Vorbild und will es auch bleiben. ☐

8. Ich traue meinen Mitarbeitern nicht das erforderliche Können zu. ☐

9. Ich delegiere keine Aufgaben, die mir Spaß und Freude bereiten. ☐

10. Mit Delegation schmälere ich mein Image, beschneide meine Position und stärke mögliche Rivalen. ☐

---

(1) Sie erledigen Aufgaben nach langer Praxis und Routine grundsätzlich besser als Ihre Mitarbeiter. Und so bleibt es auch, wenn Sie es Ihren Mitarbeitern nicht ermöglichen, in delegierte Aufgaben hineinzuwachsen und praktische Erfahrungen zu sammeln. Sie verhindern nicht nur die Weiterentwicklung Ihrer Mitarbeiter, sondern auch Ihre eigene, da Sie weiterhin Aufgaben übernehmen, die Sie längst nicht mehr selbst machen müssen. Dafür nehmen Sie das Aufschieben in Kauf.

(2) Es ist nicht immer die Regel, dass der Mitarbeiter über einen reichen Erfahrungsschatz verfügt. Manche Mitarbeiter fühlen sich zunächst überfordert, wenn sie mit neuen Aufgaben konfrontiert werden. Hier liegt es an Ihnen, Ihren Mitarbeitern positive Erfahrungen zu vermitteln und sie an schwierige Aufgaben heranzuführen.

(3) An keinen anderen Arbeitsplätzen bleiben so viele wichtige Arbeiten liegen, wie an den Plätzen sogenannter Alles-Selber-Macher. Dem Argu-

ment, dass die Dinge schneller geregelt werden, wenn Sie sich selbst darum kümmern, werden Sie auf den ersten Blick beipflichten. Auf den zweiten Blick erkennen Sie jedoch, dass sich nur kurzfristig Zeit einsparen lässt. Ein wesentlicher Zeitgewinn wird erst erzielt, wenn Sie mit dem Delegieren beginnen.

(4) Ein Mitarbeiter, der sich über zu wenig Arbeit beklagt, dürfte die rühmliche Ausnahme sein. Häufiger werden Mitarbeiter den entgegengesetzten Weg einschlagen und vorbeugend ein lautes Klagelied über die gerade noch zu bewältigende Arbeit anstimmen. Übervorsichtige Vorgesetzte legen dann schnell ihre Delegationsüberlegungen ad acta. Lassen Sie sich von dem Wehgeschrei nicht abschrecken, sondern gehen Sie den Gegebenheiten auf den Grund. Zunächst beobachten Sie das Arbeitsverhalten Ihres Mitarbeiters. Vielleicht erkennen Sie unzweckmäßige Arbeitstechniken oder unrationelle Bearbeitungsweisen. Werden diese durch Ihre Hinweise oder ein adäquates Training ausgeräumt, tritt eine Zeitersparnis ein, die für Ihre Delegation genutzt werden kann.

(5) Der befürchtete Autoritätsverlust tritt nicht ein, wenn Sie Ihrem Mitarbeiter deutlich machen, dass Sie keinerlei Probleme mit der Situation haben. Im Gegenteil: Vermitteln Sie, dass Sie eine Aufgabe delegieren, gerade weil Sie damit eine mindestens gleich gute, wenn nicht sogar bessere Erledigung als bisher erwarten.

(6) Mancher Vorgesetzte glaubt, mit der Delegation seine Pflicht und Schuldigkeit getan zu haben. Sie handeln jedoch falsch, wenn Sie die Führungsaufgabe Kontrolle vernachlässigen. Delegation bedeutet nicht blindes Vertrauen, sondern ein Vertrauen mit wachsamen Augen. Kommen Sie Ihrer Kontrollverpflichtung in ausreichendem Umfang nach, wird Ihnen kaum ein Mitarbeiter etwas vormachen können. Bedenken Sie aber, dass ein Vorgesetzter erst recht die Übersicht verliert, wenn er die Delegation vernachlässigt und selbst zu viel arbeitet.

(7) Zum Image mancher Führungskräfte scheint eine große Stundenbelastung durch die Berufstätigkeit zu zählen. Sie schütten sich mit Arbeit zu und können die eigene Zeit kaum managen. Wie wird wohl diese Führungskraft eine ganze Abteilung managen? Mitarbeiter werden ihren arbeitswütigen Vorgesetzten eher mitleidig belächeln, als sich an ihm ein Beispiel zu nehmen.

(8) Verzichten Sie auf Delegation, nutzen Sie Wissen, Erfahrung und Können Ihrer Mitarbeiter nur unzureichend für die Aufgabenerledigung. Damit verschenken Sie eine probate Möglichkeit, die Leistungsfähigkeit

Ihrer Mitarbeiter zu erkennen. Häufig entdeckt eine Führungskraft erst nach einer langen Zusammenarbeit die in Mitarbeitern schlummernden und bisher ungenutzten Fähigkeiten.

(9) Selbst wenn Sie lieb gewonnene Aufgaben delegieren, stellt dies für Sie keine Bestrafung dar. Schließlich können Sie auf Ihrem Zeitkonto einen Gewinn verzeichnen. Verdrängen Sie so Aufschiebeverhalten nachhaltig. Ihr Kopf ist wieder für neue und wichtige Dinge frei, die Ihnen wiederum Spaß und Freude bereiten können.

(10) Übertragen Sie delegierbare Aufgaben und kommen Sie weiterhin Ihren nicht delegierbaren Aufgaben nach. Indem Sie sich von delegierbaren Aufgaben entlasten, gewinnen Sie Zeit und Energie, sich um die wirklich wichtigen Aufgaben intensiv zu kümmern. Sie geben eher unbedeutende Macht ab, um die eigene Position zu stärken.

Die üblichen Vorbehalte jener Vorgesetzten, die von der Delegation herzlich wenig halten, fallen bei einer kritischen Würdigung in sich zusammen. Verinnerlichen Sie diese Erkenntnisse, haben Sie den Kopf frei und können sich vorurteilsfrei mit der Delegation und ihren Vorzügen beschäftigen.

Von der Notwendigkeit einer verstärkten Delegation überzeugt, können Sie sich im Extremfall von dem Vorsatz leiten lassen, nun alles zu delegieren. Ihr Schreibtisch würde nicht länger einem Schlachtfeld gleichen und Sie könnten es endlich schaffen, dessen Oberfläche wieder zum Vorschein zu bringen.

Das wäre allerdings ein untaugliches Vorhaben, erfahrungsgemäß entziehen Mitarbeiter „Allesdelegierern" bald ihre Loyalität. Deshalb werden Sie vor dem Delegieren überlegen müssen, welche Aufgaben mit den zugehörigen Kompetenzen und Verantwortungen Sie sinnvoll an Mitarbeiter übertragen können und welchen Aufgaben Sie sich selbst widmen müssen.

Delegierbar sind:

- Routineaufgaben
- Spezialistentätigkeiten
- Detailfragen
- Aufgaben, die von Mitarbeitern schneller, besser oder kostengünstiger erledigt werden können
- vorbereitende Arbeiten für Entscheidungen (z. B. Informationsbeschaffung und -analyse)

Nicht delegierbar sind:

- Führungsaufgaben (Ziele vereinbaren, Planen, Entscheiden, Realisieren, Kontrollieren)
- außergewöhnliche Fälle (wichtige Aufgaben von großer Tragweite und/ oder hohem Risikoanteil sowie akute, eilige Aufgaben)
- vertrauliche Angelegenheiten
- sicherheitsrelevante Aspekte

Beabsichtigen Sie zu delegieren, empfehlen wir behutsam, durchdacht und schrittweise vorzugehen:

Klären Sie folgende Fragen:

Was soll getan werden?
- Was ist alles zu erledigen?
- Welche Teilaufgaben sind zu verrichten?
- Welches Ergebnis wird angestrebt?
- Welche Abweichungen können akzeptiert werden?

Warum soll es getan werden?
- Welchem Zweck dient die Aufgabe?
- Was passiert, wenn die Arbeit nicht oder unvollständig ausgeführt wird?

Wann soll die Aufgabe erledigt werden?
- Wann muss mit der Arbeit begonnen werden?
- Wann muss die Arbeit abgeschlossen sein?
- Welche Zwischentermine sind einzuhalten?
- Wann bin ich über Fortschritte zu informieren?

Delegieren Sie möglichst Aufgabenkomplexe.
Versuchen Sie, in sich geschlossene Aufgaben bzw. Aufgabenkomplexe zu übergeben. Werden nur Teilvorgänge übertragen, gewinnt der Mitarbeiter keine Gesamtübersicht und arbeitet vielleicht nach anderen Prioritäten als Sie es sich vorstellen.

Delegieren Sie nicht nur unangenehme Aufgaben.
Widerstehen Sie der Versuchung, nur ungeliebte Arbeitsaufträge zu delegieren (U-Aufgaben, siehe Seite 51) oder solche, an denen Sie bereits erfolg-

los herumprobiert haben. Delegieren ist nicht gleichbedeutend mit Schuttabladen!

Sehen Sie möglichst eine dauerhafte Delegation vor.
Vermeiden Sie die fallweise, gelegentliche Delegation. Bei sporadischer Delegation erlebt sich der Mitarbeiter als bloßer Ersatzmann und wird in seiner Selbstständigkeit und Initiative beeinträchtigt.

Legen Sie fest, an wen Sie delegieren wollen.
Jetzt wäre zu prüfen, an wen Sie bisher von Ihnen erledigte Aufgaben übertragen wollen. Idealerweise sollte die vorgesehene Person Wissen, Können, Motivation und Zeit haben, um die zu delegierende Arbeit zufriedenstellend erledigen zu können. Bringen Sie in einem vertrauensvollen Delegationsgespräch die Neuregelung auf den Weg.

Bei der Auswahl des passenden Mitarbeiters sind zu bedenken:

- Die sachlich-organisatorischen Gegebenheiten. Passt die zu delegierende Aufgabe in ein bereits bestehendes Aufgabengebiet?
- Die gerechte Auslastung der Mitarbeiter.
- Das Maß an Verantwortung. Akzeptiert der Mitarbeiter die Aufgabe und die damit verbundene Verantwortung?
- Die fachliche Kompetenz.

Sorgen Sie dafür, dass der Mitarbeiter das erforderliche Know-how für die neue Aufgabe erwirbt.
Geben Sie dabei falls nötig Hilfestellung, indem eine Fortbildung ermöglicht oder der Mitarbeiter schrittweise in den neuen Aufgabenbereich eingeführt wird.

Stellen Sie dem Mitarbeiter seine gestiegene Bedeutung dar.
Erklären Sie dem Mitarbeiter, warum gerade er die neue Aufgabe mit Kompetenzen und Verantwortung übertragen erhält. Es genügt nicht, den technischen Ablauf einer Arbeit zu erläutern. Machen Sie dem Mitarbeiter verständlich, weshalb die delegierte Aufgabe für den Betrieb oder die Abteilung besonders wichtig ist. Weiß der Mitarbeiter, inwieweit seine Arbeitsleistung zum Gesamtnutzen der Firma beiträgt, wird er sich weniger als unwichtiges Rädchen im Getriebe empfinden.

Versorgen Sie den Mitarbeiter mit notwendigen Informationen.
Sollen Mitarbeiter mitdenken und selbstständig handeln, benötigen sie die erforderlichen Informationen. Während der informierte und motivierte Mitarbeiter sich bei den allermeisten Problemen an einer Lösung beteiligen kann, hat der uninformierte Mitarbeiter bei jedem Lösungsversuch ein Problem. Unwissenheit entsteht oft durch vorenthaltene Informationen.
Werden vermeidbare Fehler durch einen Informationsmangel verursacht, wird der Unmut des Mitarbeiters doppelt intensiv empfunden. Mit untauglichen Informationen kann selbst der beste Mitarbeiter keine erstklassige Arbeit leisten.

Geben Sie dem Mitarbeiter Unterschriftsbefugnis.
Nach dem Motto „Wo zuständig, da selbstständig" sollte ein Mitarbeiter, der selbstständig handelt, auch unterschreiben dürfen. Die Unterschrift besiegelt dabei die persönliche Haftung.

Vereinbaren Sie Ziele.
Im Dialog vereinbarte Ziele sollten SMART (siehe Seite 118) sein.

Lassen Sie keine Rückdelegation zu.
Sie stimmen der Rücknahme einer übertragenen Aufgabe nur in Ausnahmefällen zu, wenn Sie definitiv erkennen, dass der Mitarbeiter mit der neuen Aufgabe überfordert ist.

Schaffen Sie die organisatorischen Voraussetzungen.
Übertragen Sie die neue Aufgabe offiziell an den Mitarbeiter. Im Idealfall ist diese in dessen Stellenbeschreibung zu übernehmen.

Vernachlässigen Sie Ihre Führungsaufgaben nicht.
Trotz vollzogener Delegation sind Sie nicht aus dem Schneider. Während der Anlaufphase steigt das Fehlerrisiko. Stellen Sie mittels Kontrollen, die möglichst als aktive Hilfestellung und verständnisvolle Begleitung empfunden werden sollen, eine erfolgreiche Aufgabenerledigung sicher.

Vergessen Sie nicht die Verlaufskontrolle („Follow-up").
Nach erst- oder mehrmaliger Durchführung der delegierten Aufgabe sehen Sie mit Ihrem Mitarbeiter eine Nachbesprechung in einer kooperativen und konstruktiven Atmosphäre vor, in der erste Erfahrungen ausgetauscht wer-

den. Ziel Ihrer gemeinsamen Bemühungen sollen optimale Leistungsergebnisse bei einem hohen Maß an persönlicher Zufriedenheit sein.

Sind Ihnen keine Mitarbeiter zugeordnet, an die Sie Aufgaben delegieren können, sollten Sie den Einsatz von externen Fachkräften in Erwägung ziehen. Dies bietet sich besonders bei zeitintensiven oder wiederkehrenden Arbeiten an (z. B. Unterlagen kopieren, Versenden größerer Briefmengen, Erteilen von Einzugsermächtigungen).

PRAXIS-TIPP:

Delegation bedeutet nicht, eine Aufgabe mit der Aufforderung „Machen Sie mal!" einer anderen Person an den Kopf zu werfen. Gehen Sie stattdessen nach guter Vorbereitung behutsam und durchdacht zu Werke. Diese anfänglichen Investitionen kosten zwar im Moment etwas Zeit, längerfristig werden Sie aber einen wesentlichen Zeitgewinn erzielen.

Terminieren Sie

Arbeiten, die wichtig, aber nicht dringlich sind, erfordern nicht Ihre sofortige ungeteilte Aufmerksamkeit. Sehen Sie diese Arbeiten ohne Gewissensbisse für einen späteren Termin vor. Damit sich aber die Redewendung „Aus den Augen, aus dem Sinn" nicht bewahrheitet, legen Sie aus Prinzip stets ein Zeitlimit fest. Notieren Sie den festgelegten Termin, an dem die Aufgabe oder eine Teilaufgabe begonnen oder erledigt werden muss. Dadurch verhindern Sie ein Aufschieben und es fällt Ihnen leichter, auch unangenehme Aufgaben ohne Wenn und Aber zu erledigen.

Befreien Sie sich vom Last-Minute-Stress, indem Sie Abgabetermine und Fristen vorsorglich um einige Tage früher ansetzen als maximal geplant. Hierdurch verschaffen Sie sich ein Zeitpolster, um auch Situationen unbeschadet zu überstehen, die Ihnen sonst Ihre Haare zu Berge stehen ließen:

- Aufgrund einer Computerpanne können Sie auf wichtige Daten nicht zugreifen.
- Die Druckerpatrone ist leer und Ersatz steht nicht sofort zur Verfügung.
- Ein Mitarbeiter, auf dessen Vorarbeit sie angewiesen sind, fällt plötzlich aus.

- Ohne Vorwarnung stellt sich eine Magen-Darm-Grippe ein und macht Sie arbeitsunfähig.
- Sie müssen sich intensiv um einen ins Krankenhaus eingelieferten nahen Angehörigen kümmern.

PRAXIS-TIPP:

Machen Sie es sich zum Prinzip, jede Aufgabe mit einem Erledigungsdatum zu versehen. Ohne festen Termin hätten Sie alle Zeit der Welt und könnten, der Aufschieberitis frönend, den Sankt-Nimmerleins-Tag anpeilen.

Sollen Mitarbeiter Terminarbeiten leisten, die Sie überwachen, sind vereinbarte Ultimaten unumgänglich. So zeigen Sie, dass Sie am Ball bleiben und die Arbeit wichtig ist. Die festgehaltenen Termine disziplinieren sowohl Sie als auch Ihre Mitarbeiter – Erledigungsblockaden haben keine Chance.

> Gebraucht der Zeit, sie geht so schnell von hinnen,
> doch Ordnung lehrt euch Zeit gewinnen.
> JOHANN WOLFGANG VON GOETHE

Halten Sie Ordnung am Arbeitsplatz

In Werkhallen und an Fertigungsbändern wurden in den letzten Jahren die Produktionspotenziale wesentlich optimiert – im Gegensatz zu den Arbeitsplätzen von Büroangestellten. Zwar sind heute am Büroarbeitsplatz keine Ärmelschoner und kaum mehr Füllfederhalter anzutreffen, dennoch gehört das Schreibtischchaos immer noch nicht der Vergangenheit an.

Die 18 Millionen beruflich und 2 Millionen privat genutzten Schreibtische in Deutschland sind die Möbelstücke, an denen viele Menschen mehr Zeit verbringen als mit der eigenen Familie. Man sollte annehmen, dass sich die Menschen an ihren Arbeitsplätzen wohlfühlen wollen und schon deshalb für Ordnung sorgen. Diese Erwartung wird durch erschreckende Zahlen widerlegt:

- Der Arbeitsmediziner Thomas Hackländer vom Arbeitsmedizinischen Zentrum in Gelsenkirchen spricht von rund 20 Prozent weniger Arbeitsleistung, die auf das Schreibtischchaos zurückzuführen ist.

- Nach einer Studie des Stuttgarter Fraunhofer-Instituts für Produktionstechnik und Automatisierung zum „schlanken Büro" werden gut 10 Prozent der Arbeitszeit durch überflüssige oder fehlende Arbeitsmaterialien oder ständiges Suchen nach dem richtigen Dokument in chaotischen Dateiverzeichnissen verschwendet.

- Experimente mit Studenten in den USA ergaben, dass Personen an überfüllten Schreibtischen bis zu 90 Minuten täglich mit Umherräumen, Umstapeln und Suchen beschäftigt sind.

Da helfen auch die kaum ernst gemeinten Beschönigungen von Schreibtischchaoten nicht, wie „Wer Ordnung hält, ist zu faul zum Suchen" oder „Ordnung braucht nur der Dumme, das Genie beherrscht das Chaos".

Die Beantwortung einiger Fragen gibt Ihnen Hinweise, ob Sie Ihren Arbeitsplatz gut organisiert haben:

Test: Organisation des Arbeitsplatzes	Ja	Nein
Fühlen Sie sich wohl an Ihrem Arbeitsplatz?	☐	☐
Finden Sie Unterlagen umgehend, die Sie kurzfristig benötigen?	☐	☐
Sind unübersichtliche Berge von Arbeitsvorgängen bei Ihnen nicht anzutreffen?	☐	☐
Sind alle Wege frei und befinden sich auf dem Fußboden keine Stolperfallen?	☐	☐
Wissen Sie und Ihre Mitarbeiter, was wo zu finden ist?	☐	☐
Kann im Vertretungsfall ein Kollege oder Mitarbeiter sofort ohne nervenaufreibendes Suchen einspringen?	☐	☐
Wissen Ihre Mitarbeiter, was wann entsorgt werden darf?	☐	☐
Vermitteln Sie Ihren Besuchern mit Ihrem Arbeitsplatz positive Eindrücke von Ihrer Kompetenz, Verlässlichkeit und Zielstrebigkeit?	☐	☐
Finden Sie sich in Ihren auf dem PC gespeicherten Daten zurecht?	☐	☐
Räumen Sie Tag für Tag das Postfach auf und bearbeiten Sie Ihre E-Mails zeitnah?	☐	☐

Beantworteten Sie alle Fragen mit einem „Ja", könnten Sie das Weiterlesen vernachlässigen. Doch bedenken Sie:

Das Märchen vom Vorgesetzten, der sich über die Papierstapel auf den Schreibtischen seiner Mitarbeiter freut, hält der Realität nicht stand. Vom Aussehen eines zugemüllten Schreibtischs schließen Vorgesetzte, Kollegen, Kunden und Besucher auf die Arbeitsweise des Eigentümers. Da der Mitarbeiter wenig kompetent und schlecht organisiert wirkt, kann der chaotische Arbeitsplatz schnell zum Karrierekiller werden.

Es muss entmutigend sein, morgens ins Büro zu kommen und zu allererst den mit Schreibutensilien, Schmierzetteln, Vorschriften, Aktennotizen, alten Dokumenten, Merkzetteln, Ordnern und Rundschreiben übersäten Schreibtisch zu erblicken. Kommen zudem schmutzige Kaffeetassen unter Papierstapeln zum Vorschein, ist es nicht verwunderlich, wenn man in diesem Moment am liebsten den Raum verlassen und das Weite suchen möchte. Die Demotivation wird noch verstärkt, wenn zusätzlich auf Stühlen, Schränken oder Fensterbrettern diverses Schriftmaterial zu ansehnlichen Stapeln aufgetürmt wurde. In dieser chaotischen Umgebung ist es nahezu unmöglich, auf Dauer einen klaren Kopf zu behalten. Verhinderte das Aufschiebeverhalten ein rechtzeitiges Aufräumen, stellt sich zudem ein ungutes Gefühl ein – ein denkbar schlechter Beginn für den Arbeitstag.

Papierstapel pflegen wichtige Unterlagen zu gerne zu verdecken. Hat sich auf dem Schreibtisch ein kaum entwirrbarer Stapel verschiedenster Papiere gebildet, erlahmt der möglicherweise aufkeimende Ehrgeiz, gegen diese Unordnung vorzugehen. Der Schreibtischeigentümer ergibt sich seinem Schicksal, betrachtet seinen Schreibtisch fortan als Bermudadreieck und ahnt, nie wieder die Farbe seiner Schreibtischunterlage sehen zu können.

Besonders gravierend ist der Zeitverlust: Steht der Entschluss, eine schon längst überfällige Aufgabe endlich zu erledigen, ist der Tatendrang schnell erlahmt, wenn zunächst eine längere Suchphase nach allen erforderlichen Unterlagen nötig ist. Man wendet sich dann lieber weniger stressigen Arbeiten zu. Bleiben trotz längerer schweißtreibender Suche wichtige Unterlagen auf dem chaotischen Arbeitsplatz unauffindbar, muss manche Arbeit doppelt gemacht werden. Selbst wenn im Einzelfall das Suchen nahezu unbemerkt nur eine Minute dauert, summieren sich die Suchzeiten pro Woche auf Stunden und machen das ganze Ausmaß des Zeitdiebstahls erkennbar. Das Suchen unterstützt den Hang zum Aufschieben. Von der gegenwärtigen Aufgabe werden Sie abgelenkt, weil Ihnen plötzlich etwas in die Hände fällt, das Ihre Aufmerksamkeit in andere Bahnen lenkt: „Ach, das ist ja interessant, das hatte ich ganz übersehen …" oder „Damit müsste ich mich auch einmal beschäftigen …" In diesem Fall laufen Sie Gefahr, A-Aufgaben zugunsten plötzlich wieder gefundener B- oder C-Aufgaben aufzuschieben.

Die Vorteile eines aufgeräumten Arbeitsplatzes liegen auf der Hand: Ein freier Schreibtisch hilft Ihnen, das Wichtigste im Blick und im Bewusstsein zu behalten. So wird die Arbeit effektiv erledigt, Erfolgserlebnisse stellen sich schneller ein und die Motivation steigt. Aufgrund von Aktenstapel und einem Wust sonstiger Materialien verursachte visuelle Reize führen nicht länger mehr zu Störungen. Das Suchen wird auf ein Minimum reduziert. Insgesamt kommt die eingesetzte Energie und Zeit direkt der Aufgabenerledigung zugute.

PRAXIS-TIPP:

Ein überladener Schreibtisch gilt nicht als Zeichen besonderen Fleißes und großer Arbeitswut. Er weist eher auf das Unvermögen seines Besitzers hin, Ordnung zu halten. Ein aufgeräumter Arbeitsplatz schafft nicht nur den für eine erfolgreiche Arbeitsleistung notwendigen Überblick, sondern bewirkt auch eine höhere Motivation.

Hinterlassen Sie Ihren Arbeitsplatz am Abend aufgeräumt, kommt es nicht zum Schreibtischchaos. Selbst wenn Sie im Fall einer Notsituation ausfallen, finden sich Vertreter ohne umfangreiche Entdeckungsexpeditionen in Ihren Unterlagen zurecht.

Tipps für einen ordentlichen Schreibtisch

- Legen Sie prinzipiell nur Unterlagen von Aufgaben auf Ihren Schreibtisch, an denen Sie momentan wirklich arbeiten.

- Alle tagesaktuellen und häufig genutzten Arbeitsmittel und Unterlagen sollten sich an Ihrem Arbeitsplatz in direkter Griffweite befinden, ohne dass ein Aufstehen erforderlich wird. Nach häufig genutzten Formularen und Telefonnummern sollten Sie ebenso wenig suchen müssen wie nach Stiften, Markern oder Büroklammern.

  Insgesamt muss gelten: Je häufiger Sie etwas brauchen, umso näher am Schreibtisch wird es deponiert und umgekehrt. Die wichtigen Materialien haben ihren festen Platz, ansonsten herrscht immer wieder Chaos.

- Räumen Sie abends Ihren Arbeitsplatz auf, damit Sie am nächsten Tag entspannt an einem geordneten Arbeitsplatz beginnen können.

- Richten Sie für Ihre Arbeitsunterlagen ein funktionelles und auf Sie persönlich abgestimmtes, aber auch für Kollegen oder Urlaubsvertretungen nachvollziehbares Ablagesystem ein.

- Falls Sie zu den Menschen zählen, die Pinnwände, Tastaturen, Bildschirmränder oder Schreibunterlagen mit Notiz- oder Haftzetteln bepflastern, sind Sie auf einem guten Weg zu einer umfangreichen Zettelwirtschaft, die schließlich im Chaos endet.

- Sie sollten es sich zur Gewohnheit machen, im Rahmen Ihrer C-Aufgaben täglich fünf bis zehn Minuten für die Ablage nicht mehr benötigter Arbeitsunterlagen zu reservieren (siehe Seite 55).

- Obwohl der Mensch von Natur aus Jäger und Sammler ist, widerstehen Sie der Versuchung, alle Dinge aufzuheben, nach dem Motto: „Das könnte ich irgendwann einmal brauchen, möglicherweise kann das noch einmal von Bedeutung sein." Nehmen Sie sich regelmäßig Zeit, Ablagen von Ballast zu befreien. Gleiches gilt für Ihren PC. Wie jedes Arbeitswerkzeug sollte dieser stets aufgeräumt und regelmäßig ausgemistet werden. Denken Sie daran, dass die Halbwertzeit von Bürokorrespondenz kürzer ist, als man gemeinhin vermutet. Büromenschen neigen dazu, Unterlagen zu horten, die keiner mehr braucht.

- Haben Sie seit längerer Zeit nicht mehr ausgemistet, helfen kleine Schritte (täglich maximal 15 Minuten) mehr als eine gelegentliche kompromisslose Komplettentrümpelung.

Haben Sie schließlich Ordnung hergestellt, muss es für die Zukunft heißen: Ordnung halten statt mit viel Zeitaufwand immer wieder Ordnung schaffen!

Arbeiten ohne Plan und Zeit,
ist wie Autofahren mit angezogener Handbremse.
LOTHAR J. SEIWERT

Planen Sie Ihren Arbeitstag schriftlich

Der folgende Test wird Ihnen zeigen, ob es für Sie ratsam ist, Ihren Arbeitsalltag künftig mit Tagesplänen zu strukturieren. Sollten Sie überwiegend „Ja" ankreuzen, führt daran kein Weg vorbei. In Ihren Tagesplänen legen Sie fest, was Sie am nächsten Arbeitstag tun wollen.

Checkliste: Benötigen Sie einen Tagesplan?

Sie wollen zielorientierter arbeiten und den Zeitdruck vermindern? ☐

Sie wollen Selbst- und Zeitdisziplin steigern? ☐

Sie wollen Ihrem Aufschiebeverhalten entgegenwirken? ☐

Sie wollen Ihre Souveränität und Gelassenheit verstärken, indem ☐
Sie wissen, dass Sie Ihre Arbeit im Griff haben?

Sie wollen vermeiden, wichtige Arbeiten im alltäglichen Trubel zu ☐
vergessen?

Sie wollen Ihr Gedächtnis entlasten? ☐

Sie wollen sich nicht verzetteln, sondern sich vorrangig um die für ☐
Ihren beruflichen Erfolg wichtigen A-Aufgaben kümmern?

Sie wollen weniger anfällig für Zeitdiebe sein? ☐

Sie wollen sich selbst motivieren, indem Sie Ihre Arbeitsfortschritte ☐
erkennen?

Sie wollen sich selbst hinsichtlich Ihrer Arbeitsleistung kontrollieren? ☐

Sie wollen sich darüber freuen, wenn Sie Erledigtes abhaken können? ☐

Sie wollen über eine Dokumentation verfügen, wann Sie welche ☐
Aufgaben erledigt haben?

Auch wenn es zu Beginn Mühe bereitet, ist eine schriftliche Planung unumgänglich. Arbeits- und Zeitpläne, die man nur im Kopf hat, verlieren an Bedeutung und werden leichter über den Haufen geworfen. Ein schriftlicher Plan indes beflügelt Ihre Motivation, die „materialisierten" Ziele durch konzentriertes Handeln in die Tat umzusetzen.

Die ALPEN-Methode: Planungsinstrument für Ihren Tagesplan

Für das tägliche Aufgabenmanagement stellt die ALPEN-Methode ein effektives Planungsinstrument dar. Mit ihrer Hilfe verschaffen Sie sich einen detaillierten Überblick über die am nächsten Arbeitstag zu erledigenden Aufgaben. Die jeweiligen Tätigkeiten werden mit Angaben zu Priorität und Zeitdauer versehen. Sie können den Tagesplan dadurch konzentriert abarbeiten und sind weniger anfällig für Erledigungsblockaden, Zeitdiebe und Störungen.

Diese Methode ist relativ einfach und erfordert mit ein wenig Übung nur eine tägliche Planungszeit von etwa fünf Minuten. Indem Sie diese kurze Zeitspanne investieren, gewinnen Sie durch Ihr gezieltes Vorgehen ein Mehrfaches an Arbeitszeit.

ALPEN-Methode

A ufgaben, Aktivitäten und Termine zusammenstellen

L änge der Aktivitäten schätzen

P ufferzeiten für Unvorhergesehenes reservieren

E ntscheidungen über Prioritäten, Kürzungen und Delegationsmöglichkeiten treffen

N achkontrolle: Unerledigtes in den Tagesplan des nächsten Arbeitstags übertragen

---

A = Aufgaben, Aktivitäten und Termine zusammenstellen

Notieren Sie am Vorabend jene Tätigkeiten, die Sie am nächsten Tag erledigen möchten:

- Unerledigte Aufgaben von heute
- neu hinzukommende Aufgaben
- wahrzunehmende Termine
- Diktier- oder Telefon-Blöcke
- periodisch wiederkehrende Aktivitäten (Meetings usw.)

Gleichartige Tätigkeiten, beispielsweise das Lesen und Beantworten von Korrespondenz, die Erledigung von Routineaufgaben, das Führen von Telefonaten, das Bearbeiten von E-Mails oder Recherchen im Internet werden zu Aufgabenblöcken gebündelt. So entfällt das Hin- und Herspringen zwischen unterschiedlichen Tätigkeiten und Sie müssen sich nicht ständig auf Neues einstellen. Durch Serienfertigung und Rüstzeiten rationalisiert die Industrie Produktionsvorgänge – Sie können dies durch Aufgabenbündelung ebenfalls!

Überlegen Sie bitte, welche Aufgaben oder Tätigkeiten Sie künftig zu Zeitblöcken zusammenfassen werden.

_____

_____

_____

_____

_____

_____

_____

_____

L = Länge der Erledigungszeiten für Ihre Aktivitäten schätzen

Tragen Sie für eine Kostenstelle Verantwortung, überwachen Sie Ihr GeldBudget. Gehen Sie in gleichem Maße ökonomisch und effektiv mit Ihrem wichtigsten Gut, Ihrer Zeit, um? Viele Menschen nutzen diese unersetzliche und unwiederbringlich verlorene Kostbarkeit verantwortungslos, falsch oder gar nicht. Kommt es dann zu zeitlichen Engpässen, werden hierfür oft die äußeren Umstände verantwortlich gemacht. Tatsächlich gehen viele Menschen sehr großzügig mit ihrer Zeit um.

Cyril Northcote Parkinson, Autor des Parkinsonschen Gesetz erkannte, dass sich – unabhängig von der Aufgabe oder deren Komplexität – der Arbeitsaufwand genau in dem Maße ausdehnt, wie Zeit für die Erledigung dieser Aufgabe zur Verfügung steht. Es ist nicht ausschlaggebend, wie viel Zeit man tatsächlich für die Erledigung der Aufgabe bräuchte.

Nehmen wir als Beispiel ein Meeting, für das ein zweistündiger Zeitrahmen vorgesehen ist. Im Regelfall werden 105 Minuten für inhaltsleere Beiträge, egozentrisch motivierte Wortmeldungen (mit denen Teilnehmer ihre besondere Bedeutung herauszustellen versuchen) oder weitschweifige Diskussionsbeiträge genutzt. Die entscheidenden Besprechungsergebnisse werden in den letzten 15 Minuten erzielt, weil erst dann das wirklich Wichtige im Vordergrund steht. Würde für jeden Besprechungspunkt ein Zeitlimit festgelegt, könnten sicherlich in wesentlich kürzerer Zeit Ergebnisse erzielt werden, die einen qualitativen Vergleich mit der erheblich längeren Besprechungsrunde nicht zu scheuen brauchen.

Notieren Sie deshalb auf Ihrem Tagesplan zu jeder Tätigkeit den ungefähren Zeitbedarf. Diesen werden Sie bei wiederkehrenden Arbeiten bald genau einschätzen können. Bei neuen Aufgaben fällt es anfangs oft schwer, den Zeitansatz realistisch zu bestimmen. Überschätzen Sie Ihren Zeitbedarf ("Für diese Zusammenstellung brauche ich mindestens vier Stunden"), besteht die Gefahr, die Aufgabe lieber gleich aufzuschieben. Unterschätzen Sie die Erledigungsdauer ("Diese Zusammenstellung habe ich locker in einer Stunde fertig"), kann Ihre Motivation leiden, wenn nach einer Stunde noch kein Ergebnis in Sicht ist.

Testen Sie sich einmal selbst: Versuchen Sie, einen Tag während der Woche und auch einen Tag am arbeitsfreien Wochenende ohne Uhr auszukommen. Sie werden erstaunt sein, wie falsch man den eigenen Zeitverbrauch einschätzt. Dennoch ist eine ungenaue Beurteilung von Erledigungszeiten besser als gar keine Schätzung. Klaffen geschätzte und tatsächliche Erledigungszeiten immer wieder weit auseinander, nutzen Sie Ihr Handy als Stoppuhr, um zu einer realistischen Einschätzung zu gelangen.

Ist ein konkreter Zeitbedarf fixiert, mobilisieren Sie Ihre Kräfte und zwingen sich beim Abarbeiten Ihres Tagesplans zur Einhaltung des Limits. Die Ausrede "Das dauert nun mal seine Zeit" gilt nicht mehr, Sie arbeiten erheblich konzentrierter und unterbinden Störungen konsequenter.

Bei den zu Aufgabenblöcken gebündelten Tätigkeiten fassen Sie die Erledigungszeiten zu einer Zeitspanne zusammen.

Sie werden bei der Schätzung von Erledigungszeiten auch Pausen einbeziehen. Höchste Konzentration ist nur für eine kurze Zeit möglich (siehe Seite 24). Je höher Ihre Beanspruchung ist und je mehr Energie verbraucht wird, desto schneller sollte eine Pause eingelegt werden, um Ihren Energieakku wieder aufzuladen. In vielen Untersuchungen hat sich herausgestellt, dass Ermüdungserscheinungen in der Regel besser durch häufige kurze als durch wenige lange Entspannungspausen zu bekämpfen sind. Arbeitsmediziner ordnen den Erholungswert von Pausen innerhalb der ersten fünf Minuten als sehr hoch ein – nach dieser Zeitspanne erholen wir uns kaum noch. Ein Arbeitsrhythmus, der 50 Minuten intensives Arbeiten und fünf Minuten

Pause umfasst, ist empfehlenswert, weil sich der Körper an regelmäßige Pausen gewöhnt und sich dann schneller erholen kann.

Achten Sie auf die Frühwarnsignale Ihres Körpers: Müssen Sie unbewusst gähnen, sich dehnen und recken und ertappen Sie sich dabei, wenn Sie Schriftliches mehrfach lesen müssen, oder sich das Gefühl einstellt, Ihre Gedanken würden sich nur im Kreis drehen und eine Problemlösung sei unmöglich, ist eine Pause fällig, oft schon überfällig. Vertreten Sie sich kurz die Beine, dann haben Sie den Kopf wieder frei und können mit frischem Elan weitermachen. Auch kann eine einfache Übung helfen, die Sie unauffällig am Schreibtisch praktizieren können: Ballen Sie die rechte Hand zur Faust, spannen Sie sie für fünf Sekunden an und lassen dann wieder locker. Das Gleiche folgt mit der linken Hand. Wiederholen Sie diese Übung mehrfach, können Sie sich anschließend wieder besser konzentrieren.

Kurze Pausen

- beseitigen Erschöpfungszustände, die durch die Arbeit verursacht werden.
- sorgen dafür, dass keine Ermüdung entsteht.
- machen weniger empfänglich für Ablenkungen.
- sind keine unproduktiven Arbeitsunterbrechungen, sondern sichern und steigern die Leistungsfähigkeit.

Vermeiden Sie das Auftreten von Erschöpfung durch frühzeitige Pausen, hierdurch lässt sich der Abbau der Konzentration aufhalten und schneller ein Erholungserfolg erzielen. Schon die Aussicht auf eine baldige Pause führt bei vielen Menschen zu einer Leistungssteigerung.

Ohne Pausen durchzuarbeiten, birgt hingegen die Gefahr einer größeren Fehlerhäufigkeit. Hier gilt es, eine Fünf-Minuten-Pause gegen den Zeitverlust abzuwägen, der eintreten würde, um Fehler auszubügeln oder eine mangelhafte Arbeit nachzubessern. Selbst bei Kurzpausen sollten Sie möglichst die Umgebung wechseln. Dies fördert das Abschalten und führt zu einer stärkeren Entspannung.

Sehen Sie bei Schreibtischtätigkeiten kleine Lockerungs- und Entspannungsübungen vor, wodurch die Sauerstoffzufuhr in das Gehirn erhöht wird und zugleich schädliche Stresshormone abgebaut werden. Sind Sie überwiegend vor dem Bildschirm tätig, lassen Sie regelmäßig Ihre Augen ohne bestimmtes Ziel ganz ruhig in die Ferne schweifen.

P = Pufferzeiten für Unvorhergesehenes reservieren

Aus Erfahrung wissen Sie, dass sich trotz exakter Planung nicht jede Eventualität (unvorhergesehene Aufgaben, nicht abweisbare Zeitdiebe oder persönliche Bedürfnisse) einbeziehen lässt. Demzufolge sollten Sie Pufferzeiten vorsehen, die Ihnen Platz zum Disponieren und Raum für taktisches Einteilen geben. Zudem geraten Sie mit Pufferzeiten weniger unter den Druck des Dringlichen, werden nicht überrumpelt oder in die Enge getrieben, sondern können auf unvorhergesehene Ereignisse gelassen reagieren. Bedenken Sie auch, dass Pufferzeiten Ihnen so manche Überstunde ersparen und mehr Raum für Ihre Freizeit schaffen.

Eine Grundregel der Zeitplanung besagt, nicht mehr als 60 Prozent der zur Verfügung stehenden Zeit in Beschlag zu nehmen:

- insgesamt zu verplanende Zeit: 60 Prozent
- Reserve für Unerwartetes: 20 Prozent
- Reserve für spontane und soziale Aktivitäten: 20 Prozent

Bei einem 8-Stunden-Arbeitstag würden Sie etwa 4,75 Arbeitsstunden verplanen, davon für A-Aufgaben 3 Stunden, für B-Aufgaben eine Stunde und etwa 45 Minuten für C-Aufgaben. Die restlichen 3,25 Arbeitsstunden reservieren Sie als Pufferzeiten.

Bei den Reservezeiten von 40 Prozent handelt es sich um einen Durchschnittswert, der je nach Berufsgruppe sowohl nach oben als auch nach unten abweichen kann. Versuchen Sie, Ihren konkreten Bedarf an Pufferzeiten zu ermitteln, den Sie dann bei Ihrer Tagesplanung berücksichtigen.

Läuft alles wie vorgesehen, können Sie eingesparte Zeiten nach Belieben verwenden. Das wird Ihnen ein gutes Gefühl und Energie geben. Sie freuen sich über die „geschenkte" Zeit.

E = Entscheidungen über Prioritäten, Kürzungen und Delegationsmöglichkeiten treffen

Übersteigen die für den nächsten Arbeitstag vorgesehenen Tätigkeiten die angestrebten 60 Prozent, setzen Sie den Rotstift an. Streichen Sie eine eher unwichtige C-Aufgabe, nehmen Sie bei großzügig bemessenen Bearbeitungszeiten Kürzungen auf ein realistisches Maß vor und loten Sie Delegations- oder Rationalisierungsmöglichkeiten aus. Können dennoch die 60 Prozent des Zeitvolumens nicht eingehalten werden, verschieben Sie einige Tätigkeiten auf nachfolgende Tage. Nach den ersten vier Schritten der ALPEN-Methode steht Ihnen nun ein Tagesplan zur Verfügung. Zu Beginn eines jeden Arbeitstags liegt Ihnen jetzt eine Übersicht über das vor, was zu erledigen ist und was Sie erledigen wollen. Die Überschaubarkeit der Aufgaben verleiht Ihrem Arbeitstag Struktur und Sie können sogleich erkennen, was erledigt ist und welche Arbeiten noch auf Sie warten. Es ist einfach ein herrliches Gefühl, Erledigtes abhaken zu können. Das wirkt motivierend und Sie werden auch die nächsten Aufgaben mit Elan anpacken.

Merkpunkte für das Aufstellen von Tagesplänen

- Ein realistischer Tagesplan muss immer auf den Umfang reduziert werden, den Sie tatsächlich auch bewältigen können.

- Stimmen Sie den Arbeitstag optimal auf Ihre persönliche Leistungskurve (siehe Seite 64) ab. Zählen Sie zu den Morgenmenschen, dann beginnen Sie Ihren Tag mit den wichtigsten Aufgaben. Diese erfordern Ihre ungeminderte Kraft. Wenn Sie eine solche Aufgabe gleich zu Beginn des Arbeitstags erfolgreich erledigen, erleben Sie ein Erfolgserlebnis, welches Sie für den Rest des Tages motivieren wird.

- Die wichtigste zu erledigende Aufgabe des Tages, auf die Sie sich unbedingt konzentrieren wollen, markieren Sie besonders auffällig.

- Überprüfen Sie bei jeder Aufgabe, ob Delegations- oder Rationalisierungsmöglichkeiten bestehen, die Sie nutzen sollten.

- Für Routinen (z. B. E-Mails, Telefonate, Diktate, Posteingang) feste Zeiten vorsehen.

- Sperrzeiten bzw. stille Stunden (siehe Seite 86) eintragen.

- C-Aufgaben möglichst in Phasen des Leistungstiefs (bei den meisten Menschen unmittelbar nach der Mittagspause) erledigen.

- Denken Sie vor allem in der ersten Zeit, in welcher Sie mit einem Tagesplan arbeiten, darüber nach, täglich eine U-Aufgabe (siehe Seite 51) einzutragen. Malen Sie sich dabei aus, wie stolz Sie auf sich sein können, bei Arbeitsende wieder eine unangenehme Arbeit als erledigt abhaken zu können.

Eine interessante Begleiterscheinung soll nicht unerwähnt bleiben: Die Zeitspanne zwischen dem Aufstellen des Tagesplans und dem nächsten Arbeitsbeginn nutzt Ihr Unterbewusstsein bereits, um sich mit den anstehenden Arbeiten zu beschäftigen. Starten Sie schließlich mit der Aufgabe, werden Überlegungen und Lösungsansätze quasi wie aus heiterem Himmel in Ihr Bewusstsein gespült. Auch ist nicht auszuschließen, dass Sie, da Sie sich schon unbewusst mit der Thematik beschäftigen, Details und Prioritäten in einem anderen Licht betrachten.

Natürlich können Sie anstelle einfachster Mittel (Papier und Bleistift) auch ein in Leder gebundenes Zeitplanbuch verwenden oder Sie erstellen einen elektronischen Tagesplan.

N = Nachkontrolle – Unerledigtes übertragen

Die letzten zehn Minuten des Arbeitstags nutzen Sie sowohl für die Nachkontrolle des abgearbeiteten Tagesplans als auch für die Aufstellung eines Plans für den nächsten Arbeitstag. Ziehen Sie bei Ihrer Nachkontrolle mit den Fragen aus der Checkliste „Effizienz von Tagesplänen prüfen" (Seite 113) eine ehrliche Bilanz.

Trotz sorgfältiger Planung werden hin und wieder Tätigkeiten unerledigt bleiben. Diesen Überhang übertragen Sie in den neuen Tagesplan, womit für Sie ein positiver Erledigungszwang verbunden ist. Entweder Sie erledigen die Arbeit sogleich am nächsten Tag oder Sie sollten sie gegebenenfalls streichen oder delegieren. Andernfalls würde Sie Ihr schlechtes Gewissen weiter belasten und eine Demotivierung nach sich ziehen.

Insgesamt werden die erledigten Aufgaben überwiegen, sodass Sie mit einem guten Gefühl den Feierabend beginnen und genießen können.

Bei Arbeitsende sollte Ihre letzte Amtshandlung darin bestehen, Ihren Arbeitsplatz aufzuräumen. Mit dem auf Ihrem Schreibtisch obenauf liegenden fertigen Zeitplan für den nächsten Arbeitstag wird Ihnen am kommenden Morgen der Tag nicht wie eine schwere Last erscheinen, sondern durchsichtig, greifbar und lohnend. Nun besteht keine Veranlassung mehr, sich mit der Aufschieberitis aus der Verantwortung zu stehlen.

Hat sich das Aufstellen und Abarbeiten von Tagesplänen eingespielt, werden Sie mit Wochen- und Monatsplänen den Fokus mehr auf Ihren langfristigen und strategischen Arbeitseinsatz richten.

Muster eines aufgestellten Tagesplanes eine Werbeleiters

	Zu erledigen ①
8.00 A Jahresgespräch Krause 75 Min. ②	Westhof Werbestrategie
9.00 B/C E-Mail, Korrespondenz, Telefonate 15 Min. ③	Druckerei Koop
10.00 A Budgetbesprechung GF 60 Min. ④	Budget GF
11.00 B Bewerbungen auswerten 60 Min. ⑤	Bewerbungen auswerten
12.00 bis 13.00 Mittagspause	Jahresgespräch Krause
13.00 B Rücksprache mit Druckerei 30 Min ⑥	
14.00	
15.00 A Besprechung Werbestrategie Westhof 45 Min. ⑦	
16.00 B/C E-Mail-Eingang, Telefonate 15 Min. ③ Tagesplan 28.7. aufstellen 5 Min.	
17.00	

Anmerkungen zum Tagesplan:

1 Auf der rechten Seite sind die zu erledigenden Aufgaben aufzuführen, die dann mit Priorität und Zeitschätzungen versehen den zweckmäßigen Tageszeiten (siehe Seite 64) zugeordnet werden.

2 Das Jahresgespräch stellt eine Führungsaufgabe dar und ist wegen seiner Bedeutung auch nicht delegierbar. Es handelt sich hier um eine wichtige, aber nicht unbedingt dringliche A-Aufgabe.

3 E-Mail-Eingang, Korrespondenz und Telefonate werden in Blöcken erledigt (siehe Seite 104).

4 + 7 Wichtige und dringende A-Aufgaben. Ein Aufschub ist hier kaum möglich.

5 B-Aufgabe, die wegen der Vertraulichkeit nicht delegiert werden sollte.

6 B-Aufgabe, die delegierbar ist, sofern sie häufiger auftritt.

Der Tagesplan umfasst 3 Stunden für A-Aufgaben sowie 2 Stunden für B- bzw. C-Aufgaben, es stehen ausreichend Pufferzeiten zur Verfügung.

Muster eines abgearbeiteten Tagesplanes eine Werbeleiters

	Zu erledigen
7.50 ① 8.00 A ~~Jahresgespräch Krause 75 Min.~~ ② Reklamation Großkunde DB 100 Min. ✓	Westhof Werbestrategie ✓ Bewerbungen auswerten ✓
9.00 B/C E-Mail, Korrespondenz, Telefonate 15 Min. ✓	Druckerei Koop ✓
10.00 A Budgetbesprechung GF 60 Min. ✓	Budget GF ✓
11.00 B Bewerbungen auswerten 60 Min. ✓	Jahresgespräch Krause ✓
12.00 bis 13.00 Mittagspause	
13.00 B Rücksprache mit Druckerei 30 Min. ✓ B/C Infos für Aufsatz 30 Min. ✓ ③	
14.00 A Jahresgespräch Krause 60 Min. ✓ ④	
15.00 A Besprechung Werbestrategie Westhof 45 Min. ✓ B/C Infos für Aufsatz 80 Min ✓	
16.00 B/C E-Mail-Eingang, Telefonate 15 Min. ✓ Tagesplan 28.7. aufstellen 5 Min. ✓	
17.00 17.05	

Anmerkungen zum Tagesplan:

1 Die tatsächliche Anwesenheit wird dokumentiert.

2 Die Reklamation des Großkunden erforderte ein sofortiges Handeln = wichtige + dringende Aufgabe. Das Jahresgespräch konnte auf den nächstmöglichen Termin verschoben werden, weil seine Dringlichkeit nachrangig war.

3 Nicht ausgefüllte Pufferzeiten von 13.30 Uhr bis 14.00 Uhr sowie von 15.00 bis 16.20 Uhr wurden genutzt, um Informationen für einen Aufsatz in der Hauszeitung zusammenzutragen. Hier wurde eine Arbeit vorgezogen, die auf einen späteren Zeitpunkt terminiert war.

4 Das Jahresgespräch konnte in die Pufferzeit von 14.00 Uhr bis 15.00 Uhr verlegt werden, es war bereits nach einer knappen Stunde beendet.

Der tatsächliche Zeiteinsatz umfasste 4 Stunden, 25 Minuten für A-Aufgaben sowie 3 Stunden, 55 Minuten für B- bzw. C-Aufgaben.

Ein Übertrag nicht erledigter Aufgaben in den nächsten Tagesplan ist nicht erforderlich.

Legen Sie die erledigten Tagespläne in einem Ordner ab, damit Ihnen nach einiger Zeit eine aussagekräftige Dokumentation über Ihren Arbeitseinsatz zur Verfügung steht. Künftig sollten Sie Ihren Tätigkeiten planvoll nachkommen und nicht nach Lust und Laune oder wie es sich gerade ergibt. Planen bedeutet das zukünftige Geschehen aktiv zu strukturieren.

Ohne Planung

• können manche Vorhaben nicht realisiert werden,
• kann das Aufschiebeverhalten wieder aktiviert werden,
• wird Arbeit zur reinen Glückssache und
• es geht viel kostbare Zeit verloren.

Natürlich bringt jede Planung eine gewisse Einschränkung der Freiheit und Spontanität mit sich. Dieses Manko wird jedoch aufgehoben, denn bei rechtzeitiger und effektiver Planung können Sie eigene Prioritäten setzen. Allerdings ist jedes Planen überflüssig, solange Sie nicht das realisieren, was Sie geplant haben!

Von Zeit zu Zeit sollten Sie Ihre Zeitplanung und Aufgabenverteilung in den Tagesplänen überprüfen:

Checkliste: Effizienz von Tagesplänen prüfen

• Haben Sie heute die Aufgaben mit hoher Priorität (A-Aufgaben) erledigen können?

• Welche weiteren Tätigkeiten konnten durchgeführt werden, welche nicht?

• Haben Sie in den Pufferzeiten Aufgaben bearbeitet, die für heute nicht vorgesehen waren, sodass diese jetzt nachzutragen und abzuhaken sind?

• Haben Sie Ihre Leistungsfähigkeit in Bezug auf die anstehenden Aufgaben richtig eingeschätzt?

• Wurde das Pareto-Prinzip (siehe Seite 53) von Ihnen konsequent angewandt?

• Ist bei bestimmten Aufgaben eine Änderung der Prioritäten erforderlich?

• Welche ausgeführten Arbeiten hätten auch delegiert werden können?

- War es sinnvoll, die bewältigten Aufgaben überhaupt zu erledigen? Müssen Sie Ihre Aufgabenverteilung überdenken?
- Waren die vorgesehenen Erledigungszeiten zu kurz?
- Waren die vorgesehenen Erledigungszeiten zu lang? Beachten Sie: Aufgaben dehnen sich gern, bis sie genau die Zeit ausfüllen, die eingeplant war (siehe Seite 105).
- Waren die Pufferzeiten ausreichend?
- Wäre eine rationellere Erledigung der Aufgabe möglich gewesen?
- Trat die Situation ein, mehrere Dinge zur gleichen Zeit erledigen zu müssen? Wie lässt sich dies künftig verhindern?
- Wie sind Sie heute mit Störungen umgegangen?
- Hat Ihre Zeitplanung insgesamt funktioniert?
- Haben Sie angemessen „nein" gesagt?
- Wie haben Sie sich heute gefühlt?

> Unsere größte Schwäche liegt im Aufgeben.
> Der sicherste Weg zum Erfolg ist immer,
> es doch noch einmal zu versuchen.
> THOMAS ALVA EDISON

Vermeiden Sie Rückfälle

Verhaltensänderungen beruhen immer auf Lernprozessen. Sie wollen die seit einer längeren Zeitspanne herangebildete Gewohnheit Aufschiebeverhalten ablegen. Das bedeutet für Sie ein Umlernen – und Umlernen erfordert mehr Energie als erstmaliges Lernen. Bis neue Verhaltensweisen zu Gewohnheiten werden, müssen Sie wohl oder übel Ihre Ausdauer und Ihr Durchhaltevermögen strapazieren. Seien Sie realistisch und kalkulieren Sie Stolpersteine wie Bequemlichkeit, Zweifel und Ängste ein, die eine akute Gefahr für Rückfälle darstellen können.

Kommen Sie beispielsweise mit einer zu erledigenden Aufgabe nicht so recht voran, ist die Versuchung groß, zu resignieren, das Handtuch zu werfen („Ich habe es doch gleich befürchtet, es geht doch nicht.") und die Arbeit auf die lange Bank zu schieben. Der Rückfallgefahr begegnen Sie mit den auf Seite 44 dargestellten Empfehlungen. Lesen Sie sich in schwachen Momenten die auf Seite 49 notierten Pluspunkte durch.

Darüber hinaus sollten Sie bedenken:

- Ihr Gehirn hat sich mit der Materie beschäftigt und sich eingearbeitet. Jetzt wollen Sie auf halbem Wege stehen bleiben und irgendwann wieder von vorn beginnen?
- Sie haben bereits Zeit und Energie eingesetzt – diese Investition wollen Sie einfach abschreiben?
- Selbst wenn Dritte Ihr Zurückweichen nicht bemerken, ist die Rückkehr zu früheren längst überstanden geglaubten Verhaltensweisen für Sie eine bittere Niederlage. Wollen Sie dieses Scheitern auf sich sitzen lassen?

Bevor Sie wieder in alte Verhaltensmuster zurückfallen, ändern Sie Ihre Blickrichtung, ohne Ihre Aufgabe aus den Augen zu verlieren:

- Was ist Ihr Ziel bei dieser Arbeit?
- Waren die anfänglichen Erwartungen unrealistisch oder überfordernd?
- Welche Fortschritte sind gegenwärtig realistischerweise möglich?
- Wie haben Sie ähnlich gelagerte Situationen früher zu einem Erfolg gebracht?
- Müssen Sie das Ziel den neuen Überlegungen anpassen?

PRAXIS-TIPP:

Es wäre unrealistisch, Rückfälle auszuschließen. Gerade in der Übergangsphase zu einem neuen Verhaltensmuster sind Sie besonders anfällig. Zeigen Sie Stehvermögen. Vergegenwärtigen Sie sich die bisher erzielten Erfolge und verpflichten Sie sich, den angefangenen Weg fortzusetzen. Es fehlt nur ganz wenig und Sie haben den Kampf gewonnen!

Erledigen Sie Ihre Rückstände

Sind Ihnen alle Aufgaben präsent, die Sie in der Vergangenheit liegen gelassen haben? Vermutlich nicht, denn einige „Altlasten" haben Sie verdrängt, andere sind in Vergessenheit geraten. Da hilft kein Seufzen oder Wehklagen: Sie sollten die Ärmel hochkrempeln, unverzagt an die Arbeit gehen und aussortieren.

Verschaffen Sie sich zunächst mit einer Bestandsaufnahme einen Überblick über die Rückstände. Hierzu durchforsten Sie in einem Schnelldurchgang das gesamte Material und sortieren es nach vier Kategorien:

- Nachschub für den Papierkorb (siehe auch Seite 59)
- Ablage (abgeschlossene Vorgänge, die noch nicht entsorgt werden dürfen)
- Arbeitsunterlagen (Rundschreiben, Vorschriften, Fachzeitschriften etc.)
- Aktuelles

Der Punkt „Ablage" steht bei vielen Menschen ganz oben auf der Liste ungeliebter Arbeiten. Im Regelfall ist die Ablage als C-Aufgabe zu betrachten, für die Sie in den nächsten Tagesplänen schon einmal kurze Zeiträume reservieren können. Zu Blöcken gebündelt und gleichsam als Abwechslung zu Aufgaben hoher Priorität in leistungsschwachen Zeiten vorgesehen, werden Sie Ihre Ablage zügig und regelmäßig abarbeiten.

Es ist günstig, Arbeitsunterlagen übersichtlich in Ordnern abzulegen, die sich innerhalb Ihrer Griffweite befinden. Ein ständiges Aufstehen wird somit vermieden und die Unterlagen stehen Ihnen sofort zur Verfügung.

Aktuelle Vorgänge sollten Sie aufmerksam durchsehen und sogleich Ihr weiteres Vorgehen festlegen:

Entscheidungsraster anwenden

Beschreibung der überfälligen Aufgabe	ABC-Analyse	Spätester Erledigungstermin	Voraussichtliche Erledigungsdauer	Sofort erledigen	Delegieren an	Terminieren
Konzept Kundenwertung	B	17.09.	ca. 4 Stunden		Hr. Schneider	12.09.
Besprechung Werbestrategie	A	09.09.	ca. 2 Stunden	✓		

Sie bestimmen die Wertigkeit der Aufgabe (ABC-Analyse, siehe Seite 54), überdenken die zeitlichen Faktoren und legen Prioritäten fest. Fragen Sie sich bei jeder überfälligen Aufgabe selbstkritisch, ob es nicht an der Zeit ist, diesen Punkt, der möglicherweise schon wochenlang verschoben wurde, endgültig zu bearbeiten. Hierbei steht die Frage im Vordergrund: Was passiert, wenn Sie die Aufgabe nicht ausführen?

Steht der Zeitaufwand für die Erledigung einer Arbeit in keinem angemessenen Verhältnis zu Nutzen und Gewinn, prüfen Sie, ob die Aufgabe reduziert oder vereinfacht werden kann.

Nun werden Sie diese To-do-Liste abarbeiten und können ein weiteres Aufschieben nicht mehr mit Ihrer Vergesslichkeit oder anderen Ausflüchten entschuldigen.

PRAXIS-TIPP:

Überfordern Sie sich nicht in der guten Absicht, mit einem Schlag reinen Tisch zu machen. Je nach vermuteter Dauer erledigen Sie täglich nur ein oder zwei der anstehenden Arbeiten, wobei die Aufgaben Vorrang genießen, deren Erledigungstermin bald ansteht. Schließlich sollen aktuelle Arbeiten auch zeitnah bearbeitet werden.

> Es ist nicht genug zu wissen, man muss es auch anwenden.
> Es ist nicht genug zu wollen, man muss es auch tun.
> JOHANN WOLFGANG VON GOETHE

Übersetzen Sie gute Absichten in konkrete Ziele

Eingangs wurde Ihnen ans Herz gelegt, die von Ihnen beabsichtigten Veränderungen bei der Bekämpfung Ihrer Aufschieberitis in eine To-do-Liste einzutragen. Sind Sie dieser Empfehlung gefolgt, steht Ihnen jetzt das Rohmaterial für die anzustrebenden Ziele zur Verfügung. Es ist nämlich wichtig, die in Ihrer To-do-Liste niedergelegten vermutlich eher allgemein gehaltenen Absichtserklärungen in konkrete Ziele zu übersetzen. Diese bilden Ihr spezielles Regelwerk, um das Aufschiebeverhalten ein für alle Mal aus Ihrem Leben zu verbannen.

Formulieren Sie Ihre Ziele nach dem folgenden Prinzip, vermeiden Sie Überlastung oder Demotivation und der Erfolg wird schon nach einiger Zeit sichtbar.

Ziele sollen SMART sein

S = spezifisch: Formulieren Sie konkret, eindeutig und präzise, dann werden aus vagen Wünschen griffige Ziele.

M = messbar: Ideal ist es, Zahlen und Daten festzuhalten, damit der Erreichungsgrad eines Zieles überprüft werden kann.

A = ausführbar: Ihre Ziele müssen generell machbar und widerspruchsfrei sein.

attraktiv: Um eine hohe Motivation zu gewährleisten, sollten Ihre Ziele für Sie positiv und vorteilhaft sein.

aktiv beeinflussbar: Sie sollten Ihre Ziele aus eigener Aktivität heraus erreichen können.

R = realistisch: Unter- und überfordern Sie sich nicht, Ihre Ziele sollten hoch gesteckt, aber auch erreichbar sein.

T = terminiert: Notieren Sie sich stets eine Terminangabe, auch bei Teilzielen.

Lesen Sie nun, wie eine konkrete Ausformulierung ursprünglich vager Zielsetzungen aussehen kann:

Konkrete Ziele formulieren

Mögliche angestrebte Veränderung	Übersetzung in konkretes Ziel
Störungen vermeiden	Ab sofort im Tagesplan mindestens 30 Minuten Sperrzeit für die wichtigste A-Aufgabe vorsehen
Mehr Pufferzeiten einplanen	Künftig nur noch 60 Prozent des Arbeitstags (ca. 5 Stunden) verplanen
Routineaufgaben reduzieren	Arbeitstäglich maximal 60 Minuten für C-Aufgaben reservieren

Bitte entwickeln Sie nun Ihren persönlichen Zielkatalog!

_____

_____

_____

_____

_____

_____

_____

Sie können sich nicht dauerhaft auf viele Ziele gleichzeitig konzentrieren. Das würde bald zu Frustrationen führen, da ein „Tanzen auf mehreren Hochzeiten" Ihre Bemühungen zerteilt. In überschaubarer Zeit würden Sie keines der Ziele erreichen. Mehr als fünf Ziele sollten deshalb nicht formuliert werden. Wird diese Zahl überschritten, sollten Sie Prioritäten setzen: Welche Ziele haben absoluten Vorrang und welche sollten erst in Angriff genommen werden, sobald die primären Ziele zu neuen Gewohnheiten wurden?

Um ständig an die anvisierten Ziele erinnert zu werden, befestigen Sie die Kopie Ihres Zielkatalogs an einer gut zu sehenden Stelle.

PRAXIS-TIPP:

Es ist unstrittig, dass wirkungsvolles Arbeiten und anvisierte Veränderungen nur dann möglich sind, wenn Handlungen klare Ziele vorangestellt werden. Ihre Ziele sind Kompass und Wegweiser und helfen Ihnen, Hürden zu überwinden und Sie einen erheblichen Schritt voranzubringen. Nur wer ein Ziel vor Augen hat, kann den Weg dorthin bestimmen!

Sie wissen, dass Sie unzählige gute Eigenschaften und Merkmale besitzen. Jetzt bekämpfen Sie das als Ihre Achillesferse erkannte Aufschiebeverhalten. Sie werden lange Zeit praktizierte, lieb gewonnene Verhaltensweisen revidieren und heilige Kühe schlachten müssen.

Ist schließlich die Aufschieberitis besiegt, können Sie sich den Luxus erlauben, freiwillig eine Aufgabe wesentlich früher als erforderlich zu einem guten Abschluss zu bringen. Sicherlich werden Sie es genießen, endlich ohne Zeitdruck Ihren Aufgaben nachkommen zu können. Dieses wunderbare Gefühl lässt Sie schnell alle Anstrengungen vergessen, die mit Ihrem Kampf gegen Erledigungsblockaden verbunden waren.

4 Aufschiebeverhalten bei Mitarbeitern — Der Vorgesetzte als Gesundungscoach

Als Vorgesetzter begleiten Sie den Heilungsprozess

Die nachfolgenden Ausführungen wenden sich direkt an Vorgesetzte, deren Mitarbeiter unter Erledigungsblockaden leiden und ihrer Arbeit nicht mehr im vollen Umfang nachkommen. Hält sich der eigene Antrieb des Aufschiebers in Grenzen, sollten Sie als Vorgesetzter unterstützend wirken. Zeigen Sie Beharrungsvermögen und bleiben Sie am Ball, bis das Aufschiebeverhalten abtrainiert ist.

Betrachten Sie sich als Gesundungscoach Ihrer Mitarbeiter, dem folgende Aufgaben zukommen, sobald Symptome von Aufschiebeverhalten auftreten:

- Genesungsprozess in Gang setzen
- Mitarbeiter während des Heilungsprozesses begleiten
- darauf achten, dass Rückfälle vermieden werden
- dauerhafte Heilung einfordern und überwachen

Mancher Vorgesetzte hat es nach einigen erfolglosen Versuchen aufgegeben, einem zur Aufschieberitis neigenden Mitarbeiter ständig „auf die Füße zu treten" und ihn zu ermahnen. Dafür investiert er kostbare Zeit in eine Tätigkeit, für die er nicht bezahlt wird: Statt sich weiter um eine Situationsverbesserung zu bemühen, ärgert er sich über das Verhalten seines Mitarbeiters. Das Verhältnis Vorgesetzter – Mitarbeiter wird nachhaltig gestört.

Die nicht erledigte Arbeit zieht auch die anderen Kollegen in Mitleidenschaft, so dass im schlimmsten Fall ein ganzes Team seine Aufgaben nicht länger erfolgreich und im zufriedenstellenden Maße abliefern kann. Diese Tatsache wirkt sich nicht nur negativ auf den beruflichen Erfolg des Mitarbeiters und seiner Kollegen aus, sondern lässt auch Sie als Vorgesetzten in schlechtem Licht erscheinen. Zudem trübt der viele Ärger Ihre Stimmung, so dass auch im außerbetrieblichen Bereich die Lebensqualität absinkt.

Lassen Sie den Mitarbeiter kommentarlos gewähren, wird eine bestmögliche Aufgabenerledigung, für die Sie in Ihrer Vorgesetztenfunktion zu sorgen haben, in weite Ferne rücken. Jedes Fehlverhalten, welches Sie billigen, tolerieren oder akzeptieren, wird bald zur Norm. Der Mitarbeiter sieht keine

Notwendigkeit, aus dem gewohnten Trott auszubrechen. Es gilt somit, aktiv den Anfängen zu wehren.

Kontrollfunktion wahrnehmen

Hier setzt Ihre Führungsaufgabe Kontrolle ein. Ergebnis-, Erfolgs- oder Endkontrollen zeigen den Beteiligten, in welchem Ausmaß Arbeits- oder Teilziele erreicht wurden.

Diese Kontrollen werden vergangenheitsbezogen gehandhabt und beziehen sich lediglich auf schon vollzogene Aufgaben. Ist das Kind bereits in den Brunnen gefallen, folgt der Registrierung des Misserfolgs oft nur noch Resignation oder die Begrenzung des eingetretenen Schadens. Um dieses Manko auszuschließen, sehen Sie von nun an vorrangig gegenwartsbezogene Stichprobenkontrollen vor, um den aktuellen Arbeitsfortschritt zu begutachten.

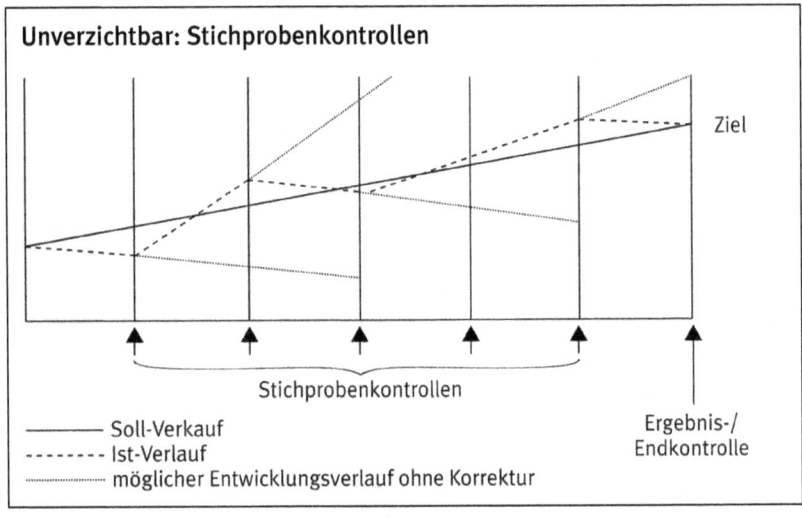

Mithilfe der Stichprobenkontrollen begleiten Sie den Mitarbeiter bei der Aufgabenerledigung und stellen sicher, dass die einzelnen Stadien und gewünschten Ergebnisse in der richtigen Form und zur richtigen Zeit erreicht werden. Bei dieser Vorgehensweise steht ausreichend Zeit zur Verfügung, während des Arbeitsprozesses erkannte Probleme durch rechtzeitige korrigierende Maßnahmen positiv zu beeinflussen.

Bei Ihren Überprüfungen sollten Sie den strategischen Kontrollpunkten Ihre besondere Aufmerksamkeit schenken. Das sind solche Punkte, ab denen

- der Mitarbeiter nach Ihren bisherigen Erfahrungen regelmäßig Schwächen erkennen lässt,
- erfahrungsgemäß intensiv aufgeschoben wird, zum Beispiel bei U-Aufgaben (siehe Seite 51),
- auf Aufschiebeverhalten beruhende Verzögerungen zu einem Stocken komplexer Arbeitsvorgänge führen, beispielsweise wenn andere Betriebsstellen auf die rechtzeitige Lieferung benötigter Vorleistungen warten müssen,
- Arbeiten spätestens begonnen werden müssen, um sie termingerecht abschließen zu können.

> Nimm die Menschen, wie sie sind. Andere gibt es nicht.
>
> KONRAD ADENAUER

Mitarbeitergespräch führen

Statt sich über die bei Ihren Kontrollen erkannten Schwachstellen zu ärgern, sprechen Sie den Mitarbeiter, der unter Erledigungsblockaden leidet, auf sein Verhalten an. Vermeiden Sie hierbei:

- der Sache nicht dienliche unklare Pauschalformulierungen, Verallgemeinerungen, vage Behauptungen oder allgemeine Floskeln
- Vermutungen, Vorhaltungen und Anklagen, für die Ihnen Beweise fehlen
- auf Anschuldigungen und Zuträgereien von Dritten einzugehen
- Vergleiche mit den Leistungen oder dem Verhalten von Kollegen Ihres Gesprächspartners

Unter Nennung konkreter Beobachtungen bringen Sie das Störende ans Tageslicht:

„In letzter Zeit ist mir mehrfach aufgefallen, dass Ihnen Ihre Arbeit nicht mehr so schnell wie früher von der Hand geht. Gibt es hierfür Gründe? Ich denke dabei an die Bestellung ... und die Reklamation ... Wie sehen Sie das? Gibt es Punkte, bei denen ich Sie unterstützen kann?"

Dieses Vorgehen eröffnet Ihnen die Chance einer Situationsverbesserung. Das Risiko eines Fehlschlags ist gering, denn die verfahrene Situation kann kaum noch schlimmer werden.

Nehmen Sie bei Ihren Bemühungen Ihren Mitarbeiter grundsätzlich so, wie er ist. Mit Ihrer Vorgesetztenfunktion ist kein Erziehungsauftrag verbunden. Es wird Ihnen nicht gelingen, bei einem langjährigen Mitarbeiter jede Gewohnheit zu verändern, die er sich im Laufe seines Berufslebens angewohnt hat. Dass sich Ihr Mitarbeiter zur Wehr setzen wird, sobald Sie ihn umerziehen und neu erfinden wollen, ist nachvollziehbar.

**Nichts kann den Menschen mehr stärken,
als das Vertrauen, das man ihm entgegenbringt.**
ADOLF VON HARNACK

Zwischenziele festlegen

Richten Sie Ihren Ehrgeiz besser darauf, kleine Teilerfolge zu erzielen. Gelingt es Ihnen, eine kantige Ecke bei Ihrem Mitarbeiter ohne einen schwierigen chirurgischen Eingriff abzurunden, können Sie sich über dieses Ergebnis freuen und beglückwünschen.

Vorstellbar wäre folgendes Vorgehen: Im Rahmen Ihrer Kontrollfunktion als Vorgesetzter erkennen Sie, dass Ihr Mitarbeiter dem Aufschiebeverhalten verfallen ist. Die festgestellten Vorfälle notieren Sie sich, damit Sie dem Mitarbeiter gegenüber mit konkreten Sachverhalten aufwarten können. Zunächst bitten Sie ihn freundlich aber bestimmt, sein Arbeitsverhalten zu verändern. Allein die barsche Aufforderung, künftige Aufgaben zügig und umfassend zu erledigen, wird kaum genügen. Auch Ihr Hinweis, dass eine ausgewachsene Erledigungsblockade ein eklatanter Erfolgsvermeider für den Mitarbeiter sowie die ganze Abteilung darstellt, ist nicht ausreichend.

Weit günstiger erweist es sich, mit dem Mitarbeiter partnerschaftlich zu besprechen, wie vorgegangen werden soll. Dieser Blick in die Zukunft ist bedeutsamer, als weiterhin auf die Verfehlungen in der Vergangenheit hinzuweisen. Niemand hört schließlich gern Vorwürfe seines Vorgesetzten. Sie helfen Ihrem Mitarbeiter mehr, indem Sie mit ihm einige Therapien erörtern. Gehen Sie dabei Schritt für Schritt vor und legen Sie zusammen Zwischenziele fest:

- Prioritäten festlegen (siehe Seite 53)
- Sofortiges Beginnen (siehe Seite 61)
- Hochleistungszeiten nutzen (siehe Seite 63)
- Umfangreiche Aufgaben aufteilen (siehe Seite 66)

- Statt Perfektion Qualität anstreben (siehe Seite 68)
- Sich selbst Belohnungen in Aussicht stellen (siehe Seite 71)
- Nötigenfalls „Nein" sagen (siehe Seite 76)
- Störungen reduzieren (siehe Seite 84)
- Die Hilfe von Dritten nutzen (siehe Seite 87)
- Delegationsmöglichkeiten ausschöpfen (siehe Seite 88)
- Ordnung am Arbeitsplatz beachten (siehe Seite 98)
- Arbeitseinsatz planen (siehe Seite 102)

Signalisieren Sie Ihrem Mitarbeiter, dass Sie ihm die gewünschte Verhaltensveränderung zutrauen. Ihren Vertrauensvorschuss wird der Mitarbeiter aufmerksam zur Kenntnis nehmen und sich bemühen, Ihrer Zuversicht mit großem Engagement gerecht zu werden.

Vorgehen bei hartnäckigen Fällen

Verbessert sich das Leistungsverhalten Ihres Mitarbeiters trotz Ihrer intensiven Bemühungen nicht, können Sie einem ernsthaften Gespräch nicht mehr ausweichen. Sie werden ihm erklären, dass er in Ihrem Unternehmen nicht ehrenamtlich, sondern gegen Bezahlung tätig ist. Die Entlohnung bezieht sich nicht auf seine Anwesenheit, sondern vor allem auf die Ergebnisse seiner Arbeit. Verdeutlichen Sie, dass es keine Toleranz gegenüber unüblich langen Erledigungszeiträumen, Leistungszurückhaltung oder Faulheit gibt.

Leistet Ihr Mitarbeiter weiterhin Widerstand und ist er nicht zu einer Verhaltensverbesserung bereit, hat sich bei ihm eine ernsthafte Erledigungsblockade festgesetzt. Hier sollten arbeitsrechtliche Schritte eingeleitet werden. Mit einer Verwarnung bzw. Rüge, die als Aktenvermerk zu Papier gebracht wird, machen Sie dem Mitarbeiter klar, dass Sie sein Verhalten missbilligen. Fruchtet dies nicht, zeigen Sie ihm mit einer formellen Abmahnung die Gelbe Karte. Erweist sich auch dieser „letzte Schuss vor den Bug" als erfolglos, darf sich der Abgemahnte nicht wundern, sollte eine fristgemäße, ordentliche Kündigung ausgesprochen werden.

Es wird Ihnen als kooperativ führendem Vorgesetzten vermutlich kaum zusagen, einen Mitarbeiter an einem sehr kurzen Zügel zu führen. Aber der Aufschieber lässt Ihnen keine andere Wahl. Neigen Mitarbeiter dazu, bestimmte Arbeiten auf die lange Bank zu schieben, drängen Sie auf eine rasche

Erledigung. Statt sich mit Beteuerungen auf baldiges Handeln und Besserung („Ich werde das gleich erledigen ...", „Ich bemühe mich doch ...", „Sie können sich auf mich verlassen, ich kriege das schon hin ...") vertrösten zu lassen, vereinbaren Sie stets eindeutige Erledigungstermine, die Sie intensiv überwachen. Sind Zwischenschritte vorgesehen, legen Sie zeitnahe konkrete Fristen fest, deren Einhaltung Sie ausnahmslos – fast schon penetrant – kontrollieren. Bei der Festlegung von Deadlines planen Sie vorsorglich Zeitpolster ein, damit die trotz allem nicht immer vermeidbare Phase des Aufschiebens aufgefangen werden kann.

Zum Schluss eine Selbstverständlichkeit: Da Ihnen als Vorgesetzter eine Vorbildfunktion zukommt, geben Sie der Aufschieberitis bei Ihrem eigenen Arbeitsverhalten keine Chance. Gehen Sie gegenüber Ihren Mitarbeitern mit gutem Beispiel voran.

PRAXIS-TIPP:

Indem Sie Erledigungstermine bestimmen und überwachen, zwingen Sie den Mitarbeiter, seine Aufgaben pünktlich zu erledigen. Werden terminierte Arbeiten vom Mitarbeiter dennoch nicht rechtzeitig beendet und zeigt er sich gegen Ihre wohlmeinenden Empfehlungen resistent, sollten Sie bereit sein, mit härteren Bandagen eine Verhaltensänderung zu bewirken.

Rückdelegation verhindern

Gelegentlich entwickeln Mitarbeiter mit Erledigungsblockaden eine interessante Taktik, um sich einer U-Aufgabe (siehe Seite 51) zu entledigen: die Rückdelegation. Statt die aufgeschobene Arbeit doch noch zu erledigen, wird sie wieder dem Vorgesetzten zugeschoben. Bei diesem oft genug erfolgreichen Versuch der Manipulation zeigen manche Mitarbeiter ein hohes Maß an Kreativität. Zwei Beispiele verdeutlichen dies:

Der Reklamationsbearbeiter kommt zu seinem Chef: „Herr Paul, Sie spielen doch mittwochs mit unserem besten Kunden, Herrn Ludwig, Golf. Ob Sie Ihren guten Draht und Ihr Verhandlungsgeschick einsetzen können, damit Herr Ludwig die ungerechtfertigte Reklamation zurücknimmt? Bisher habe ich gezögert, direkt mit Herrn Ludwig Kontakt aufzunehmen, da ich ihn kaum kenne und nicht weiß, wie man ihn am besten ansprechen kann." Der Chef reagiert: „Na, dann geben Sie mal her."

Ein Mitarbeiter sucht mit verzweifelter Miene seinen Vorgesetzten auf, den einzigen Juristen im Betrieb: „Ich brüte schon seit Tagen über folgendem Problem. Ohne entsprechenden juristischen Background fühle ich mich total überfordert." Der Vorgesetzte reagiert: „Na, dann geben Sie mal her."
In den Beispielen ist es den Mitarbeitern gelungen, ihre Aufgaben beim Chef abzuladen. Sie provozieren mit ihrem „cleveren" Signalisieren von Unsicherheit das Eingreifen des Vorgesetzten. Damit durchbrechen sie das Delegationsprinzip durch eine unzulässige Rückdelegation. Wird das in den Beispielen dargestellte Vorgehen toleriert, werden dem Vorgesetzten alle unangenehmen oder schwierigen Arbeiten zugeschoben.
Es ist nicht auszuschließen, dass Sie sich zunächst geschmeichelt fühlen, wenn Sie von einem Mitarbeiter aufgesucht und um Hilfe bei einer Aufgabe gebeten werden. Vielleicht fällt es Ihnen auch schwer „ nein" zu sagen (siehe Seite 76). Oder Sie sind beunruhigt, dass es bei der Delegation zu Schwierigkeiten kommen könnte. Akzeptieren Sie dennoch keine Rückdelegation.

WICHTIG: Mit der Ablehnung von Rückdelegation managen Sie Ihren Mitarbeiter – bei Zulassung von Rückdelegation managt der Mitarbeiter Sie!

Wohlmeinende Ratschläge signalisieren Ihre Bereitschaft, Rückdelegation anzunehmen, so zum Beispiel:

- „Bevor etwas falsch läuft, klären Sie das erst mit mir ..."
- „Wenn Sie eine Entscheidung benötigen, steht meine Tür für Sie immer offen ..."

Dem Delegationsprinzip eher angemessen sind Vorgesetztenreaktionen wie:

- „Was schlagen Sie vor?"
- „Was kann ich mit Ihnen gemeinsam tun, damit Sie die Aufgabe erfüllen und eine Entscheidung treffen können?"
- „Welche Alternativen haben Sie sich überlegt?"
- „Was würden Sie tun, wenn ich nicht erreichbar wäre?"

Verweigern Sie Antworten, stellen Sie Fragen und veranlassen Sie so den Mitarbeiter, aktiv zu werden und seine Arbeit selbst zu erledigen. Falls nötig werden Sie mit dem Mitarbeiter die zur Aufgabenerledigung notwendigen Informationen durchgehen, ihn daraufhin aber selbst die Aufgabe ausführen lassen.

Mit diesem Vorgehen zeigen Sie Ihrem Mitarbeiter, dass

- er weiterhin eigenständige Entscheidungen zu treffen und zu verantworten hat,
- Sie ihm trotz aufgetretener Unsicherheiten, Fragen oder Probleme weiterhin Ihr Vertrauen schenken,
- einen Ansporn zu weiterem Mitdenken und Mithandeln erhält.

Erkennen Sie allerdings, dass der Mitarbeiter sich nicht mit der Problematik beschäftigt hat, brechen Sie das Gespräch ab und fordern ihn auf, zunächst seine „Hausaufgaben" zu machen. Erst danach kann ein sachlich relevanter Gedankenaustausch stattfinden. Ihr Grundsatz muss lauten: „Kommen Sie nicht mit Problemen zu mir, sondern kommen Sie mit Antworten auf Probleme zu mir."

Vorsorglich werden Sie den zur Rückdelegation neigenden Mitarbeiter häufiger kontrollieren. Bestätigen Sie ihm dabei so oft wie möglich, dass er seine Entscheidungen sachgerecht getroffen hat (Grundsatz der positiven Verstärkung).

Versucht der Mitarbeiter immer wieder, Ihnen Aufgaben und Entscheidungen zuzuschieben, für die er zuständig ist, müssen Sie mit ihm Tacheles reden:

„Erneut versuchen Sie, eine Arbeit bei mir abzuladen. Diese Aufgabe ist nach der Stellenbeschreibung von Ihnen zu erledigen. Sie werden auch für diese Aufgabe angemessen bezahlt. Als Gegenleistung erwarte ich von Ihnen die Erledigung dieser Arbeit mit zumindest guten Ergebnissen. Sollten Sie sich dieser Aufgabe nicht gewachsen fühlen, müsste ich eine neue Aufgabenverteilung mit einer eventuellen Personalveränderung vornehmen. Ich empfehle Ihnen, meine Hinweise zu überdenken."

Ausnahmsweise lassen Sie eine Rückdelegation zu, wenn Sie zu der begründeten Auffassung gelangen, dass der Mitarbeiter hinsichtlich der Arbeitsmenge überlastet oder von seiner Eignung her überfordert ist.

PRAXIS-TIPP:

Sucht ein Mitarbeiter Sie mit einer Arbeit/einem Problem auf, lassen Sie nicht zu, dass er das Mitbringsel bei Ihnen abladen kann. Stellen Sie unterstützende Fragen, geben Sie Zusatzinformationen – aber achten Sie darauf, dass der Mitarbeiter anschließend die Aufgabe/das Problem wieder mitnimmt und in einem angemessenen Zeitrahmen auch abschließend erledigt.

Ein Wort der Anerkennung hält
den Menschen warm drei Winter lang.
CHINESISCHES SPRICHWORT

Mit Anerkennung motivieren

Hat der Mitarbeiter mehrfach seine Arbeiten ohne aufzuschieben gewissenhaft und ohne jegliche Beanstandungen ausgeführt, ist für Sie der Augenblick gekommen, dem Mitarbeiter eine positive Rückmeldung zu geben. Anerkennung und positives Feedback stellen ein besonders motivierendes und überaus wichtiges Führungsmittel dar. Erfolgserlebnisse sind wesentliche Voraussetzungen für eine dauerhafte positive Einstellung zur Arbeit und für das Erzielen optimaler Arbeitsergebnisse. Denn was einem Erfolg gebracht hat, das wiederholt man gerne. Die Anerkennung selbst kleiner Fortschritte spornt zu weiteren Bemühungen an, die wiederum Lob einbringen werden. Vor allem Mitarbeiter, die unter Erledigungsblockaden leiden, benötigen in besonderem Maße Anerkennung. Das positive Feedback wirkt als Ansporn und sorgt vorrangig dafür, dass eine rechtzeitig und richtig ausgeführte Tätigkeit stabilisiert wird. Hierdurch wird das Selbstvertrauen Ihres Mitarbeiters gestärkt.

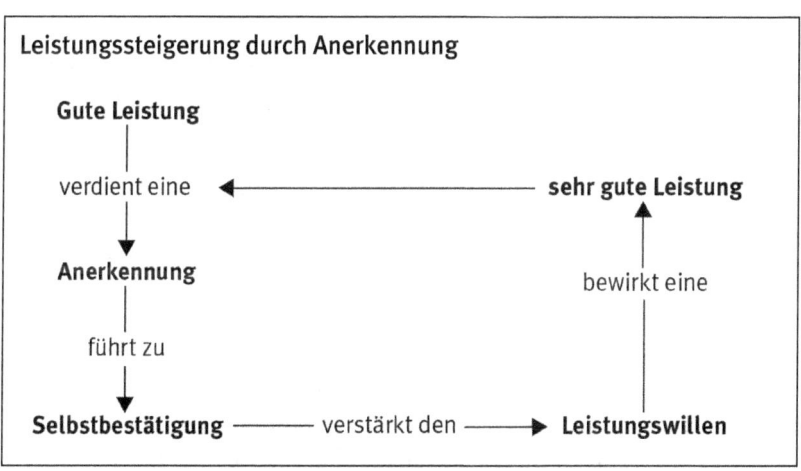

Leistungssteigerung durch Anerkennung

Gute Leistung
verdient eine ◄———————— **sehr gute Leistung**
Anerkennung — bewirkt eine
führt zu
Selbstbestätigung ——— verstärkt den ——► **Leistungswillen**

Von einer interessanten Nebenwirkung der Anerkennung wissen Mediziner und Betriebspsychologen zu berichten. Erfolgserlebnisse führen zu einer

129

günstigen Hormonlage im menschlichen Körper: Der Adrenalinspiegel ist entsprechend niedrig, während die körpereigenen Glückshormone (Endorphine) freigesetzt werden. Diese verbessern die Schaltvorgänge unserer Gehirnzellen, es stellt sich ein allgemeines Wohlbefinden ein. Fühlt sich der Mensch wohl in seiner Haut, wird er erfahrungsgemäß besser arbeiten, gute Leistungen erzielen und weitergehender Motivierung zugänglich sein. Zu Recht sollten wir Anerkennung als lebenswichtiges Vitamin bezeichnen. Ist die Vitaminzufuhr unzureichend, treten bei uns Mangelerscheinungen wie Verdrossenheit, Lustlosigkeit, schnelle Ermüdung oder Niedergeschlagenheit auf. Erhält ein Mitarbeiter jedoch genügend Vitamine in Form von positiven Rückmeldungen, dann wirken diese als Heil- und Wundermittel.

PRAXIS-TIPP:

Bestätigen Sie den Mitarbeiter mit redlich verdienter Anerkennung, sobald er sich Ihre gut gemeinten Empfehlungen/Einwirkungen zu Herzen nimmt und seine Arbeitsweise ändert. Dadurch erlebt er hautnah das positive Gefühl, das eintritt, wenn seine Verhaltensänderung erkannt und gewürdigt wird.

Aufschiebeverhalten langfristig überwinden

Hat sich der Mitarbeiter dank Ihrer hartnäckigen Begleitung einige Wochen lang der Aufschieberitis verweigert, wird er die wohltuenden Auswirkungen nicht mehr missen wollen. Es wird sich bei ihm das subjektive Gefühl einstellen, über mehr Zeit zu verfügen, weil er kaum noch in Zeitnot gerät. Auch wird er überrascht feststellen, dass früher hinausgezögerte Aufgaben bei sofortiger Erledigung ihren Schrecken verlieren.

Fatal wäre es, Sie würden mit demotivierenden Feststellungen auf die Heilung reagieren:

- „Es wurde höchste Zeit, dass Sie es endlich kapiert haben …"
- „Da kann ich nur fragen: Weshalb nicht gleich so?"
- „Endlich verhalten Sie sich wie ein normaler Mitarbeiter …"
- „Nicht mehr lange und mir wäre der Geduldsfaden gerissen …"

Geben Sie besser Ihrer Freude Ausdruck, dass Ihr Mitarbeiter den Kampf gegen das Aufschiebeverhalten erfolgreich bestanden hat:

„Wenn ich Sie sehe, freue ich mich immer wieder, dass Sie Ihr Arbeitsverhalten verbessert und damit Ihre Leistungen sowie Ihre Arbeitsgüte gesteigert haben. Sie haben sicherlich bemerkt, dass Sie jetzt schneller zu besseren Arbeitsergebnissen kommen. So bereitet die Arbeit mehr Spaß und Freude. Herzlichen Dank für Ihre Änderungsbereitschaft ...“

Durch weiteres gelegentliches Beobachten des Arbeitsverhaltens Ihres Mitarbeiters verhindern Sie einen Rückfall in den früheren Schlendrian.

PRAXIS-TIPP:

Ihr Mitarbeiter hat mit seinem Sieg über die Aufschieberitis Ihre ehrlich gemeinte Anerkennung verdient. Ihm ist gelungen, was viele Menschen anstreben, aber trotz einiger Bemühungen nicht erreichen: Immunität gegen Erledigungsblockaden zu entwickeln.

5 Auswirkungen von Aufschiebeverhalten auf Ihre Lebensqualität

Die Faktoren „Zeit" und „Stress" wurden bereits in diesem Buch angesprochen, stehen sie doch in einem engen Zusammenhang mit Erledigungsblockaden. Ein kontraproduktives Arbeitsverhalten führt zu einem erhöhten Stresspegel und hat Auswirkungen auf Ihr Privatleben. Wegen der besonderen Bedeutung für Ihre Lebensführung werden Ihnen in diesem Kapitel zusätzliche Anmerkungen und Denkanstöße angeboten, wie Sie Ihre Zeit bewusst nutzen und Stress abbauen können.

> Wir haben nicht zu wenig Zeit,
> wir verschwenden zu viel davon.
>
> SENECA

Bewusster leben – Zeit genießen

Viele Menschen kommen in ihrem Leben zu interessanten Erkenntnissen und häufen ein umfangreiches Wissen an, aber den ökonomischen und effektiven Umgang mit ihrem wichtigsten Gut – ihrer Zeit – erlernen Sie nicht. Sie nutzen diese unersetzliche Kostbarkeit verantwortungslos, falsch oder gar nicht. Sie stürzen sich zwar Hals über Kopf in jede Arbeit und erledigen viele Dinge, doch sie bringen bei Weitem nicht so viel zustande, wie es bei einem effektiven Zeiteinsatz möglich wäre. Kommt es zu zeitlichen Engpässen, wird über die äußeren Umstände lamentiert und der Grund bei anderen gesucht. Großzügig wird darüber hinweggesehen, dass man selbst für seine Zeiteinteilung zuständig ist und nicht andere für eigene Zeitprobleme verantwortlich machen darf. Mit dieser Schilderung wurde eine typische Verhaltensweise von Aufschiebern beschrieben. Aufschiebeverhalten bedeutet immer auch einen unstrukturierten Umgang mit Zeit.

Für jeden Menschen besteht der Tag aus 24 Stunden. Allerdings entsteht der subjektive Eindruck, dass die Zeit mal schneller, mal langsamer vergeht. Sehnen wir etwas herbei, scheint sich die Wartezeit in die Länge zu ziehen, genießen wir aber eine Situation in vollen Zügen, bedauern wir das schnelle Ende dieses positiven Moments: „Die Zeit verging wie im Fluge." Der renommierte Zeitforscher Dr. Karlheinz Geißler schrieb:

„Ob etwas langsam oder schnell geht, das hängt davon ab, auf welcher Seite der Toilettentür man sich befindet: Steht man wartend davor, erlebt man das Vergehen der Zeit als langsam; befindet man sich jedoch auf der Innenseite, hat man alle Zeit der Welt".

Zusammenhang Aufschiebeverhalten – Zeitmanagement

Das unterschiedliche Zeitempfinden macht sich im Berufsleben bemerkbar. Bei manchen U-Aufgaben (siehe Seite 51) entsteht das Gefühl, die Zeit würde nicht vergehen, während wir uns bei interessanten und herausfordernden Arbeiten wundern, wie schnell die Uhrzeiger wandern.

Halten Sie sich vor Augen, dass Sie mit einer strukturierten Arbeitsweise Ihre Zeit intensiver genießen können. Bereits in den vorhergehenden Kapiteln wurde erwähnt, dass berufliche Erledigungsblockaden immer Auswirkungen auf Ihr Freizeit- und Familienleben haben. Das schlechte Gewissen, welches sich angesichts der aufgeschobenen und vertagten Aufgaben aufbaut, drückt auf Ihr Gemüt. Darüber hinaus setzen Sie sich unter einen ständigen Zeitdruck, wenn Sie Arbeiten auf den letzten Drücker erledigen müssen. Sie stehlen sich selbst Ihre Zeit, da Ungenauigkeiten ausgebessert werden und Sie Aufgaben nach Feierabend oder am Wochenende erledigen müssen. Aufschiebeverhalten macht zudem in der Regel vor dem Privatleben nicht Halt. Auch in der Freizeit werden anfallende Erledigungen oder Hausarbeiten immer wieder vertagt.

Als Resultat können Freizeitaktivitäten oder Mußestunden nicht mehr genossen werden. Im Hinterkopf werden Sie sich immer wieder an die noch nicht erledigten Aufgaben erinnern, eine Entspannung oder Ablenkung vom Arbeitsalltag kann nicht mehr erfolgen. Dadurch entsteht eine Negativ-Spirale: Sie setzen sich selbst unter Druck, reagieren mit einem hohen Stresspegel und stehen ständig unter Spannung. Das wiederum führt im schlimmsten Fall zu blindem Aktionismus, die Ursache des Problems wird jedoch nicht bekämpft. Eine ausgeglichene Work-Life-Balance ist allerdings wichtig, denn Voraussetzung für eine hohe Motivation am Arbeitsplatz ist regelmäßige Entspannung in Form von Freizeitaktivitäten.

Gewöhnen Sie sich das Aufschiebeverhalten ab, werden Sie subjektiv über mehr Zeit verfügen. Da Sie vorausschauend handeln und für wichtige Aufgaben genügend Zeit und eine rechtzeitige Erledigung einplanen, werden Sie sich gelassener auf Ihre Arbeit konzentrieren können. Zusätzlich erhöht eine prompte und gelungene Erledigung der anfallenden Aufgaben Ihre Motivation, was wiederum zu kreativen Lösungen führt. Überstunden werden der Vergangenheit angehören und Sie haben mehr Zeit, Ihr Leben zu genießen. Etablieren Sie, sobald Sie gegen das Aufschiebeverhalten vorgehen, ein Belohnungssystem und honorieren Sie Ihre eigenen Erfolgserlebnisse. Lernen Sie dabei, Ihre Zeit wertzuschätzen, indem Sie sich zum Beispiel mit einer abendlichen Radtour, einem Spaziergang mit der Familie, einem Biergartenbesuch oder einem gemütlichen Abend auf der Couch belohnen.

Zeitgewinn durch eine organisierte Arbeitsweise

„Zeit ist Geld" heißt es oftmals, jedoch können diese zwei Güter nicht ohne Weiteres gleichgesetzt werden. Durch erfolgloses Spekulieren können wir unser Vermögen verlieren, es aber im weiteren Verlauf unseres Lebens wieder aufbauen. Anders sieht es mit unserer Zeit aus: Bezogen auf unsere Person ist die Zeit neben unserer Gesundheit unser kostbarstes Gut. Unsere Zeit können wir weder lagern, noch vermehren, noch reproduzieren, noch ersetzen. Dieses absolut knappe Gut verrinnt kontinuierlich und unwiderruflich.

Auch wenn es makaber erscheint, sollten Sie sich vergegenwärtigen, wie viel Zeit Ihnen wohl noch vergönnt ist, bis Ihr irdisches Schicksal beendet wird. Ein Menschenleben umfasst durchschnittlich etwa 30.000 Tage. Diese 30.000 Tage machen Ihr Kapital und Ihr individuelles Vermögen aus.

Wollen Sie etwas Genaueres über Ihre Verweildauer auf unserem herrlichen Planeten wissen, nehmen Sie die aktuellen Berechnungen des Statistischen Bundesamts zur Hilfe. Hiernach leben Deutschlands Männer aktuell durchschnittlich 78,18 Jahre, während es deutsche Frauen auf 83,06 Jahre bringen. Sie sollten sich in diesem Moment vor Augen halten: Dies ist die erste Stunde vom Rest meines Lebens. Ich muss mein Leben gut nutzen, denn ich habe nur dieses eine!

Gehen Sie daher sorgfältig, umsichtig und verantwortungsbewusst mit Ihrer Zeit um und versuchen Sie so, die Voraussetzung für ein höheres Maß an Lebensqualität zu schaffen, damit die folgenden mahnenden Worte eines unbekannten Poeten nicht auf Sie zutreffen:

Du weißt nicht mehr, wie Blumen duften,
kennst nur die Arbeit und das Schuften.
So geh'n sie hin die schönen Jahre,
auf einmal liegst du auf der Bahre.
Und hinter dir, da grinst der Tod:
Kaputtgerackert … Vollidiot.

Schon mit den Therapien gegen das Aufschiebeverhalten in Kapitel 3 werden Sie zusätzlich mehr Zeit zur Verfügung haben. Eine Strukturierung und Verbesserung des eigenen Zeitmanagements hilft wiederum Erledigungsblockaden zu überwinden. Wichtig ist vor allem, dass Sie bewusster mit Ihrer Zeit umgehen. Überlegen Sie, welche Aufgaben oder Momente Ihnen täglich Zeit stehlen. Hier hilft Ihnen die Einteilung Ihrer Aufgaben nach Prioritäten (siehe Seite 53). Bündeln Sie Arbeiten zu Aufgabenblöcken (siehe Seite 104) oder nutzen Sie das Werkzeug der Delegation (siehe Seite 88). Gruppenaktivitäten wie Besprechungen können durch einen straffen Ablaufplan strukturiert und verkürzt werden. Manche Faktoren kann man nicht gänzlich vermeiden, versuchen Sie trotzdem das Beste daraus zu machen. Sie stehen jeden Morgen im Stau und ärgern sich darüber? Überlegen Sie sich, auf öffentliche Verkehrsmittel umzusteigen und die Zeit zu nutzen, um ein Buch oder die Zeitung zu lesen. Wartezeiten können ebenfalls mit dem Vorbereiten von Aufgaben gefüllt werden.

Zeiteinsatz überdenken

In Deutschland übersteigt die Arbeitszeit des Führungspersonals deutlich die tarifliche Arbeitszeit und liegt bei etwa 50 Wochenstunden. Diese hohe Arbeitszeit von Führungskräften wird darauf zurückgeführt, dass der Personalabbau einschließlich der Einführung flacher Hierarchien spürbare Leistungsverdichtungen zur Folge hat. So bleibt es wohl zunächst bei der Feststellung: Führungskräfte sind auch führend bei der investierten Arbeitszeit. Dies geht zulasten der Freizeit.

Trotz dieses immensen Arbeitszeiteinsatzes sind von Managern eher selten Klagen zu hören. Vermutlich lässt sich dies mit den vielfältigen Handlungs- und Entscheidungsmöglichkeiten begründen, die immer wieder neue Herausforderungen beinhalten und zu einer verstärkten Motivation führen.

Diese Tatsache trägt mitunter auch dazu bei, dass sich Führungskräfte im Verhältnis zu anderen Mitarbeitergruppen seltener arbeitsunfähig melden. Wenngleich im Zeitalter der Globalisierung Schnelligkeit, Perfektion und permanente Einsatzbereitschaft bei maximaler Flexibilität von Führungskräften zunehmend gefordert werden, sollten Sie an sich arbeiten, die beruflichen Belastungen – insbesondere den Zeiteinsatz – zu reduzieren.

Widmen Sie Ihre Zeit nicht nur Ihren beruflichen Belangen. Bei einer starken Motivation und Spaß an der Arbeit sowie übertariflicher Bezahlung ist ein hoher beruflicher Zeiteinsatz vollkommen gerechtfertigt. Sie sollten jedoch Warnsignale nicht ignorieren und keinesfalls bis an den Rand eines Zusammenbruchs schuften. Gönnen Sie sich nach einer besonders arbeitsintensiven Phase Ruhepausen. Genießen Sie freie Tage und belohnen Sie sich zwischendurch mit kleinen Fluchten aus dem Alltag. Nehmen Sie Ihre persönliche Zeit bewusst war und verschenken Sie diese nicht, indem Sie Arbeiten unnötig aufschieben. Erfreuen Sie sich an beruflichen Erfolgen und schöpfen Sie zugleich Ihre Freizeit in vollen Zügen aus.

Vielleicht bewirken die Verse der deutschen Lyrikerin Elli Michler bei Ihnen einige Momente des Insichgehens und Überdenkens der bisherigen Lebensführung.

Ich wünsche Dir Zeit

Ich wünsche Dir nicht alle möglichen Gaben,
ich wünsche Dir nur, was die meisten nicht haben:
Ich wünsche Dir Zeit, Dich zu freuen und zu lachen
und wenn Du sie nutzt, kannst Du etwas draus machen.

Ich wünsche Dir Zeit für Dein Tun und Dein Denken,
nicht für Dich selbst, sondern auch zum Verschenken.
Ich wünsche Dir Zeit, nicht zum Hasten und Rennen,
sondern die Zeit zum Zufriedenseinkönnen.

Ich wünsche Dir Zeit, nicht nur so zum Vertreiben;
ich wünsche, sie möge Dir übrig bleiben
als Zeit für das Staunen und Zeit für Vertrauen,
anstatt nach der Zeit auf der Uhr nur zu schauen.

Ich wünsche Dir Zeit, nach den Sternen zu greifen
und Zeit, um zu wachsen, das heißt, um zu reifen.
Ich wünsche Dir Zeit, neu zu hoffen, zu lieben –
es hat keinen Zweck, diese Zeit zu verschieben.

Ich wünsche Dir Zeit, zu Dir selber zu finden,
jeden Tag, jede Stunde das Glück zu empfinden.
Ich wünsche Dir Zeit, auch zum Schuld vergeben.
Ich wünsche Dir: Zeit haben zum Leben!

Verbessern Sie Ihr Stressmanagement

Der Begriff Stress hatte ursprünglich eine neutrale Bedeutung. Er stammt aus der Materialforschung und ist eine Bezeichnung für den Zug oder Druck, der auf ein Material ausgeübt wird. Erstmals im Jahr 1936 verwendete der Pionier der Stressforschung Hans Selye den Begriff Stress als eine „unspezifische Reaktion des Körpers auf irgendeine Anforderung". Stress hat zwei Gesichter, er kann Herausforderung oder Bedrohung bedeuten.

Im allgemeinen Sprachgebrauch hat das Wort Stress eine negative Färbung angenommen. In diese Richtung zielt auch die Stress-Definition der EU-Kommission:

„Arbeitsbedingter Stress lässt sich definieren als Gesamtheit emotionaler, kognitiver, verhaltensmäßiger und physiologischer Reaktionen auf widrige und schädliche Aspekte des Arbeitsinhalts, der Arbeitsorganisation und der Arbeitsumgebung. Dieser Zustand ist durch starke Erregung und starkes Unbehagen, oft auch durch ein Gefühl des Überfordertseins charakterisiert."

Stressmechanismus: Reaktion auf Gefahrensituationen

Zum besseren Verständnis der gesamten Thematik versetzen wir uns einige Momente um etwa 100.000 Jahre zurück – Schauplatz des Geschehens: das Neandertal in der Nähe Düsseldorfs: Ein Neandertaler läuft mit einer Keule bewaffnet durch den Urwald. Guten Mutes trällert er ein Liedchen und denkt an nichts Böses. Plötzlich springt ein ausgewachsener Bär zwischen den Bäumen hervor und greift unseren Spaziergänger an. Würde der Neandertaler mögliche Reaktionen abwägen (z. B. „Soll ich weglaufen?", „Soll ich auf den nächsten Baum klettern?", „Soll ich besser mit der Keule zuschlagen?") käme der Bäre sicherlich zu der erhofften Mahlzeit. In einer als gefahrvoll erkannten Situation setzt der Stressmechanismus ein. Die Hormone Adrenalin und Noradrenalin werden ausgeschüttet. Diese sogenannten Stresshormone haben die Aufgabe, den Körper blitzschnell in Leistungsbereitschaft zu versetzen.

Durch Erhöhung des Blutdrucks und Mobilisierung der Fett- und Zuckerreserven ist der Körper schlagartig für physische Top-Leistungen präpariert. Der Adrenalinausstoß reduziert das Schmerzempfinden, die Ausdauer erhöht sich, die Angst verringert sich und es wird weniger Schlaf benötigt. Indem der Neandertaler sofort nach Erkennen der Gefahr reagierte, erhöhten sich seine Überlebenschancen. Erst später konnte er gedanklich aufarbeiten, was geschehen war und ob er der Situation angemessen reagiert hat. Durch sofortiges Handeln in Form einer körperlichen Reaktion (Weglaufen, Zuschlagen, Baum erklettern) werden die Stresshormone wieder abgebaut.

Mit dem durch drohende Gefahr ausgelösten, genetisch verankerten Stressmechanismus geht ein weiterer Effekt einher: die teilweise oder völlige Denkblockade. Wir reagieren auf erkannte Gefahrenmomente ganz im Sinne der Natur reflexartig und nicht mit Denkaktivitäten. Im Kampf ums Überleben müssen schnelle Körperreaktionen ablaufen, die Stressreaktion geht somit zulasten des Denkvermögens.

Stellen wir uns dies am Beispiel eines Schalters vor. Befinden wir uns in normalen Situationen, erhält unser gesamtes System fortwährend Strom. Tritt aber ein extremer Stressmoment ein, wird die Energiezufuhr für das Denken ausgeschaltet. Der Strom wird jetzt für die sofortige Gefahrenabwehr benötigt. Erst nach Rückkehr zu einer halbwegs normalen Situation wird der Schalter wieder auf Normallast umgelegt.

So wird verständlich, weshalb bei uns partielle Denkblockaden oder in extremen Situationen gar ein völliger Blackout eintreten können.

Positiver und negativer Stress

Für den Neandertaler bedeutete der Stressmechanismus zweifelsohne eine Lebensnotwendigkeit. Seither hat sich die Umwelt, in der wir leben, geändert. Aber hat sich der moderne Mensch im Vergleich zum Neandertaler ebenfalls grundlegend gewandelt?

Trotz aller Weiterentwicklung und Veränderung haben die Anpassungsleistungen unserer Vorfahren genetische Spuren hinterlassen. So funktioniert der Stressmechanismus nach wie vor. In gefährlichen Situationen wächst auch der moderne Mensch hinsichtlich seiner physischen Kraft über sich hinaus, der Stressmechanismus bewirkt höchste Muskelleistung und kurze Reaktionszeiten.

Eustress

Dieser gesunde Stress war und ist lebensnotwendig, denn er ermöglicht Ihnen ein angemessenes Reagieren auf äußere Auslöser. Der als Eustress bezeichnete richtig dosierte positive Stress spornt Sie zu Höchstleistungen an, ohne dass Sie dies als Belastung empfinden. Selbst bei anstrengender und schwerer Arbeit fühlen Sie sich frisch und voller Tatendrang, vorausgesetzt die Arbeit bereitet Ihnen Spaß und Freude. In diesem Fall erleben Sie Eustress als Quelle für Vitalität, Zufriedenheit und Glücksempfinden. Diese Flow-Erlebnisse (siehe Seite 51) lassen Sie Zeit und Raum vergessen, Sie laufen zur Hochform auf und gehen in Ihrer Arbeit auf. Die innere Spannkraft wird gesteigert, Sie fühlen sich stark und es stellt sich das Gefühl ein, Ihnen würden Flügel wachsen.

Disstress

Treten Ängste auslösende Situationen zu häufig und zu intensiv auf und liegen zwischen den Stressphasen keine ausreichenden Ruhe- und Erholungsphasen, kommt es zum Dauerstress. Während der Neandertaler durch die physische Reaktion Stresshormone abbauen konnte, bleibt der moderne Mensch hinter seinem Schreibtisch sitzen, das Stressprogramm wird nicht wie vorgesehen beendet. Das produzierte Adrenalin verbleibt im Körper und wirkt negativ auf die Verdauungsorgane und das gesamte Immunsystem ein – vergleichbar einem langsam wirkenden Gift. Die anhaltend hohe Ausschüttung von Stresshormonen kann mit der Zeit zu den typischen Krankheitsbildern unserer modernen Gesellschaft wie Diabetes oder Herz-Kreislauferkrankungen führen. Dieser negative Stress wird als Disstress bezeichnet.

Stress im Berufsleben

Im Arbeitsleben gehört Disstress schon lange nicht mehr nur in krisengeschüttelten Chefetagen oder unter auftragsabhängigen Freiberuflern zum täglichen Brot. Jeder Berufstätige kann ihm ausgesetzt sein. Fachleute schätzen, dass 50 bis 60 Prozent aller Arbeitsunfälle auf Stresseinwirkung beruhen. Die Weltgesundheitsorganisation (WHO) erkannte die Brisanz dieses Themas und erklärte den negativen Stress zur Gesundheitsgefahr Nummer eins des 21. Jahrhunderts.

Gegenüber der Zeit der Neandertaler hat sich das menschliche Leben drastisch verändert. Der während der Evolution entstandene Stressmechanismus passt nur noch bedingt zu den Herausforderungen unserer Zeit. Heute geht es kaum noch um das „nackte Überleben" oder um Situationen, die allein mit Muskelkraft zu bewältigen sind, dafür wirken andere Situationen in gleicher Weise auf uns ein.

Stress auslösende Faktoren am Arbeitsplatz

- Unzureichende äußere Arbeitsbedingungen (Lärm, Geruchsbelästigung, Kälte, Hitze, unzureichende Beleuchtung, Nachtarbeit, Schichtarbeit)
- Unzureichende ergonomische Ausstattung des Arbeitsplatzes, die zu körperlichen Beeinträchtigungen führt
- Ständige Hektik, Zeit- und Termindruck, Überstunden, nicht ausreichende Pausen
- Überfordernde Arbeitsziele, die trotz aller Bemühungen nicht erreichbar sind – Tendenz zum Burnout-Syndrom
- Unterfordernde Arbeiten und Langeweile, so dass sich der Arbeitstag zäh in die Länge zu ziehen scheint – Tendenz zum Boredom- oder auch Boreout-Syndrom genannten Stimmungstief mit nahezu deckungsgleichen Symptomen wie beim Burnout-Syndrom
- Mangel an Abwechslung sowie monotone Arbeitsabläufe
- Unklarheit über die erwartete Arbeitsleistung
- Ausbleibende Anerkennung für erbrachte Leistungen
- Durchgehend autoritärer Führungsstil, der den Arbeitnehmer zum bedingungslos Gehorchenden, zum „working animal" degradiert
- Fehlende oder übermäßige Übertragung von Verantwortung
- Konflikte mit Kollegen bis hin zu Mobbing

- Probleme mit Vorgesetzten (z. B. cholerische Chefs, Führungskräfte, die keinen klaren Kurs steuern), Mitarbeitern, Kunden oder Zulieferern
- Bevorstehender Personalabbau oder drohende Schließung des Unternehmens, Fusionierungen, Versetzungen
- Den Arbeitsplatz berührende organisatorische Veränderungen (neues Arbeitsumfeld, neue Abläufe, neue Techniken, veränderte Arbeitszeiten, zu viele Veränderungen in kurzer Zeit)
- Kürzungen des Einkommens, Reduzierung von Sozialleistungen
- Unzureichend ausgebildete oder genutzte Informationswege, die zu Verunsicherungen bzw. Fehlinterpretationen führen
- Ständige Erhöhung der betrieblichen Anforderungen, obwohl nach subjektiver Einschätzung schon lange „das Ende der Fahnenstange" erreicht ist
- Durch Aufschiebeverhalten hinausgezögerte Tätigkeiten, deren Erledigung absolute Priorität haben

Finden wir häufiger solche Arbeitsbedingungen vor und fühlen uns in diesen Situationen überfordert, macht sich das deprimierende Gefühl breit, uns würden behindernde Ketten angelegt. Es kommt zu einer Reduzierung der körperlich-seelischen Energie, was sich negativ auf das Immunsystem auswirken kann. Körper und Seele geraten aus dem Gleichgewicht.

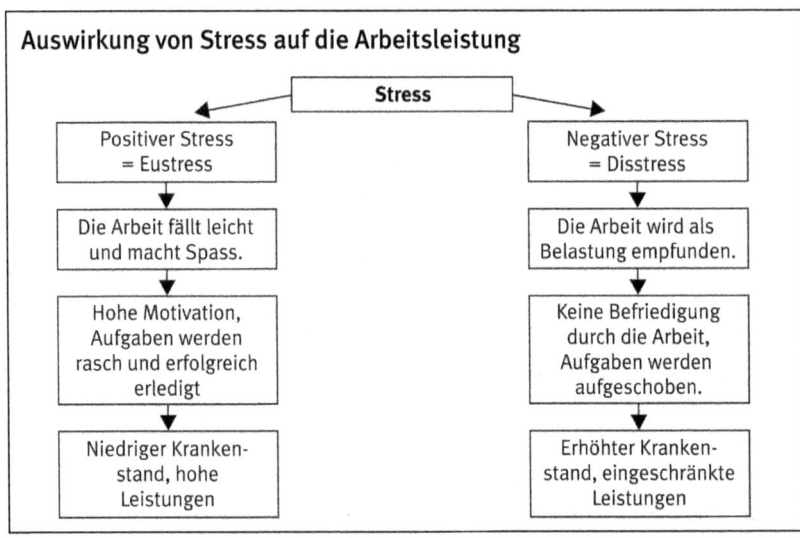

Krank durch Stress

Die körperlichen Symptome bei Disstress können unterschiedlich sein, weil jeder Mensch individuell auf Belastungen reagiert. Was der eine als Belastung empfindet, stellt für den anderen eine spannende Herausforderung dar. So wird sich ein Mitarbeiter darauf freuen, bei der nächsten Betriebsversammlung eine Rede halten zu dürfen, während ein anderer Kollege bei dem gleichen Auftrag sofort in Panik gerät und kaum noch einen klaren Gedanken fassen kann. Sehen Sie, mit welchen Symptomen unser Körper auf eine regelmäßige und zu hohe Stressbelastung reagiert.

Körperliche Symptome bei Disstress

* Gehirn: Unruhe, Schwäche, Depressionen, Konzentrations- und Gedächtnisstörungen
* Ohren: Hörsturz, Tinnitus, Gleichgewichtsstörungen, Schwindel
* Zähne: Zahnschäden durch nächtliches Knirschen und Verkrampfung des Kiefers
* Muskulatur: Muskelzuckungen, Ticks – zum Beispiel Lidflattern, Mundzucken, Augenbrauenzucken, Schmerzen, Zittern, Verspannungen (vornehmlich des Rückens)
* Immunsystem: Abwehrschwäche, Infektanfälligkeit
* Herz und Kreislauf: erhöhter Blutdruck, Gefäßverkalkung, Herzschwäche, Infarkt, Rhythmusstörungen
* Magen und Darm: Schleimhautentzündungen, Geschwüre, Reizdarm, Verstopfung und Durchfall
* Nebenniere: erhöhte Ausschüttung von Cortisol, Adrenalin und Noradrenalin – Störung sämtlicher Hormonkreisläufe und Verlust der chemischen Balance

---

Hören Sie auf Ihren Körper und reagieren Sie bei frühen Signalen der Überlastung. Etwa ein Drittel der Krankheiten in den heutigen Industriestaaten entsteht aufgrund von dauerhafter Stressbelastung. So wird dem Stress eine maßgebliche Beteiligung an der Entstehung von zahlreichen modernen Volkskrankheiten zugeschrieben, unter anderem:

- Herzinfarkt
- Bluthochdruck
- Krebs
- Schlafstörungen
- Erschöpfungs- bzw. Burnout-Syndrom
- Boredom- bzw. Boreout-Syndrom
- Magenschleimhautentzündungen oder Magengeschwüre
- Neurosen
- Angstkrankheiten

Die moderne Stressforschung ist auf weitere negative Auswirkungen von Dauerstress auf den menschlichen Mechanismus gestoßen. So macht häufiger Disstress alt. Dies haben US-Forscher biologisch nachgewiesen. Stress wirkt demnach auf jene Erbgutteile, die eine Schlüsselrolle im Alterungsprozess der Zellen und offenbar auch bei der Entstehung von Krankheiten spielen. Bei Frauen, die sich am stärksten belastet fühlten, stellten die Forscher eine zusätzliche biologische Alterung um etwa zehn Jahre fest. Eine ständige Stressbelastung macht zudem dumm. Zu dieser erschreckenden Erkenntnis ist eine Forschungsgruppe um den Konstanzer Professor Dr. Thomas Elbert gekommen. Die Psychologen blickten mit moderner Technik Probanden ins Gehirn, um die Wirkung von Stress zu erforschen. Ihre Beobachtung: Stresshormone in hoher Zahl lassen gewisse Hirnbereiche schrumpfen. Das senke die geistige Leistungsfähigkeit deutlich.

Stress-Test

Wollen Sie sich ein Bild vom Ausmaß Ihrer Stressbelastung machen, sollten Sie sich dem folgenden Test unterziehen.

Ermitteln Sie Ihre Stressbelastung

Entscheiden Sie, ob Sie in folgenden Situationen in Stress geraten (immer: 3 Punkte, häufig: 2 Punkte, selten: 1 Punkt)

Sie haben sehr dringende Aufgaben zu erledigen, dazwischen klingelt immer wieder das Telefon.	(1) (2) (3)	
Sie wollen zur Arbeit und Ihr Auto springt nicht an.	(1) (2) (3)	

Sie müssen aus organisatorischen Gründen plötzlich den Arbeitsplatz wechseln.	(1) (2) (3)	
Ihr Vorgesetzter bittet Sie zu einem spontanen persönlichen Gespräch.	(1) (2) (3)	
In der Post ist ein nicht erwarteter Brief von einer Behörde.	(1) (2) (3)	
Sie verpassen Ihren Zug oder Bus.	(1) (2) (3)	
Sie haben private Konflikte.	(1) (2) (3)	
Ihnen bleibt nur wenig private Zeit, um Einkäufe zu erledigen.	(1) (2) (3)	
Ihr Mitarbeiter steht in Konkurrenz zu Ihnen.	(1) (2) (3)	
Sie können nur schwer Entscheidungen bei dringenden und wichtigen Aufgaben treffen.	(1) (2) (3)	
Es ist schon sehr spät, doch Sie müssen noch etwas vorbereiten.	(1) (2) (3)	
Sie befinden sich unter finanziellem Druck.	(1) (2) (3)	
Sie wachen nachts auf und können schlecht wieder einschlafen.	(1) (2) (3)	
Sie nehmen unerledigte Arbeit mit nach Hause.	(1) (2) (3)	
Sie werden kurz vor Arbeitsschluss gebeten, etwas Dringendes zu erledigen.	(1) (2) (3)	
Sie fühlen sich an Ihrem Arbeitsplatz fremdbestimmt.	(1) (2) (3)	
Sie wollen ein wichtiges Projekt zu Ende führen, dennoch nicht auf Freizeit verzichten.	(1) (2) (3)	
In der Firma gibt es Gerüchte über Entlassungen.	(1) (2) (3)	
Sie stehen im Stau und haben Termindruck.	(1) (2) (3)	
Die Arbeit Ihrer Mitarbeiter genügt nicht Ihren Ansprüchen.	(1) (2) (3)	

Auswertung:
- 20 bis 33 Punkte: Geringer Stress – im Normalbereich liegende Belastung.
- 34 bis 46 Punkte: Zeitweise Hochstress mit entsprechender Körperbelastung.
- 47 bis 60 Punkte: Chronischer Stress – im Körper stehen alle Warnsignale auf Rot. Höchste Zeit für ein richtiges Stressreduzierungsprogramm!

Leider achten viele unter Dauerstress stehende Menschen erst dann auf ihren Körper, wenn sich die ersten Symptome wie Herzrasen, Stechen in der Brust oder Rückenschmerzen einstellen, für die Ärzte oft keine organischen Ursachen finden.

Bevor es zum Dauerstress und damit zum Daueralarm im Körper kommt, der nur mit professioneller Hilfe bearbeitet und eliminiert werden kann, eignen Sie sich besser frühzeitig Techniken zur Stressbewältigung, Erholung und Entspannung an.

Strategien zur Stressbewältigung

Was ein Kollege als Erfolg versprechendes Patentrezept zum Stressabbau in den höchsten Tönen anpreist, muss bei Ihnen nicht in gleicher Weise zur Stressbewältigung beitragen. Wegen der Verschiedenartigkeit der Individuen und Situationen müssen wir uns von der Vorstellung trennen, eine Allzweckwaffe gegen den Stress nutzen zu können. Allerdings sind diverse Strategien zur Stressreduzierung und -bewältigung vorstellbar, aus denen Sie Ihre persönlichen Maßnahmen auswählen sollten.

Lachen Sie

Lachen ist gesund und macht glücklich. Indem Sie in Lachen ausbrechen, werden in Ihnen biochemische Prozesse in Gang gesetzt, die Körper und Seele ausgesprochen positiv beeinflussen. Untersuchungen belegen, dass häufig lachende Menschen eine höhere Lebenserwartung haben als griesgrämige Menschen. In einem chinesischen Sprichwort heißt es: „Jede Minute, die man lacht, verlängert das Leben um eine Stunde". Auch lässt sich die Herzinfarktgefahr durch häufiges und ausgiebiges Lachen um 50 Prozent reduzieren.

Selbst wenn Sie durchhängen und sich in einer schlechten Stimmung befinden, können Sie sich durch Ihr eigenes Zutun aus dem Tal der Tränen befreien. Lächeln Sie für mindestens 60 Sekunden. Gelingt Ihnen das nicht, reicht es, das Gesicht eine Minute lang zu einem Grinsen zu verziehen. Sie setzen dadurch eine neurophysiologische Kettenreaktion in Gang: Beim Lächeln/Grinsen gehen Ihre Mundwinkel nach oben. Der dabei aktivierte Muskel drückt auf den Fazialisnerv, dieser Nerv sendet die Nachricht „das Gesicht lächelt" an das Gehirn. Als Folge werden Endorphine ausgeschüttet. Diese Glückshormone „fressen" die Stresshormone Adrenalin und Noradrenalin auf. Sies fühlen sich aufgrund der positiven Hormonlage sehr viel wohler in Ihrer Haut.

Der gleiche Vorgang läuft bei einem 10 Sekunden dauernden Lachen ab. In dieser kurzen Phase lachen Sie den aufgestauten Stress aus Ihrem Körper heraus. Ein indischer Arzt stellte fest, dass zwei Minuten Lachen für Körper und Geist so gesund sind wie etwa 20 Minuten Joggen. Darüber hinaus lässt sich die Herzinfarktgefahr durch häufiges und ausgiebiges Lachen reduzieren.

Statt mit Formulierungen wie „Ich habe nichts zu lachen" oder „Mir ist das Lachen vergangen" Ihre Resignation zum Ausdruck zu bringen, setzen Sie bewusst auf das Lachen, lockern damit Ihre Muskeln, befreien sich von aufgestauten Emotionen, setzen Glückshormone frei und steigern Ihr Wohlbefinden.

Pro Tag lachen Erwachsene durchschnittlich 15 Mal. Wollen Sie Ihre Lachkompetenz steigern, besuchen Sie Lachseminare oder Lachklubs. Gemeinsames Lachen verbindet und steckt an!

Vergessen Sie das Abschalten nicht

Schalten Sie zwischendurch immer wieder ab. Hier bieten sich Mini-Pausen an, die Sie zur Entspannung und Regeneration nutzen, zum Beispiel:

- Schauen Sie aus dem Fenster ins Grüne, betrachten Sie die Natur und Ihre Umwelt und nehmen Sie bewusst wahr, was Sie sehen.
- Setzen Sie sich für ein paar Minuten in die Sonne und genießen die Wärme.
- Betrachten Sie ein schönes Bild mit Ihren Familienangehörigen.
- Denken Sie an den letzten Urlaub oder Wochenendausflug und erinnern Sie sich an Ihre glückliche und gelassene Stimmung.
- Wenn Sie sich durch Musik bei der Arbeit nicht abgelenkt fühlen, hören Sie Ihre Lieblingsmusik. Das wirkt aufmunternd und motivierend. Falls das Musikhören in Ihrem Umfeld unerwünscht ist, lassen Sie sich notfalls per Kopfhörer auf der Toilette mit Ihren Lieblingsliedern in eine positive Stimmung bringen.

Strategischen Kurzschlaf („Power Napping") nutzen

Nach den Forschungsergebnissen von Professor Zulley vom Schlafmedizinischen Zentrum der Universität Regensburg erhöht sich nach einem Nickerchen am Mittag die Reaktionsgeschwindigkeit um 16 Prozent und vermindert Aussetzer bei der Aufmerksamkeit um ein Drittel. Das Nickerchen sollte nicht kürzer als 10 Minuten sein und nicht länger als 30 Minuten dauern. Bei längerem Schlafen kommt es nach dem Aufwachen oft zu einer bleiernen Schlaftrunkenheit.

Zu überlegen ist, unmittelbar vor der Schlafphase etwas Koffein zu sich zu nehmen. Koffein braucht etwa 30 Minuten um zu wirken. Mit dem Erwachen aus dem Kurzschlaf setzt die belebende Wirkung des Koffeins ein, so dass der Erfrischungseffekt gesteigert wird.

Das Power Napping setzt allerdings ein ruhiges und ungestörtes Umfeld voraus, in welchem eine Beobachtung durch andere Personen unmöglich ist.

Genießen Sie das Tageslicht

Bei Einwirkung von Tageslicht wird das für eine gute Stimmungslage so wichtige Glückshormon Serotonin produziert. Sie vergessen Ihren Stress, fühlen sich glücklich und haben bessere Laune. Das sieht man Ihnen dann auch an, Sie wirken automatisch gesünder und attraktiver. Das Tageslicht lässt Sie aufblühen und von innen heraus erstrahlen.

Wie wichtig natürliches Licht ist, zeigt sich bei Menschen, die dauerhaft nachts arbeiten und am Tag schlafen. Sie fühlen sich bereits nach wenigen Nächten im Dienst „wie gerädert".

Denken Sie positiv – führen Sie positive Selbstgespräche

Die positive Selbstbeeinflussung ist eine wirkungsvolle Methode, sich von Ängsten zu befreien, die zu Stress führen und Ihre Lebensqualität beeinflussen. Sie brauchen die Kraft des positiven Denkens!

Unsere Gedanken prägen zu einem Großteil unser Handeln und unsere Gefühle. Denken wir überwiegend negativ, verleiden wir uns unser Leben, die Ängste verstärken sich und der Stresspegel steigt.

Gewöhnen Sie es sich an, leistungshemmende Ängste und Beklemmungen sofort beiseitezuschieben. Sie haben nach den vielen Erfolgserlebnissen in Ihrem Leben keinen Grund, missmutig und griesgrämig zu sein.

Gehörtes merken wir meist besser als lediglich Gedachtes. So tun Sie gut daran, Ihre positiven Gedanken in Worte zu fassen und diese deutlich auszusprechen. Allerdings sollte dies unter Ausschluss der Öffentlichkeit geschehen, damit Sie von anderen Personen weder belächelt noch als einfältiger Kauz betrachtet werden.

Verbieten Sie sich in Ihren Selbstgesprächen negative Aussagen („So ein Mist, das geht doch wieder schief!", „Das kriege ich beim besten Willen nicht hin.") und verwenden Sie stets positive Sätze („Heute kriege ich das in den Griff, das schaffe ich!", „Ich gebe mein Bestes, das wird perfekt laufen, schließlich bin ich rundum gut vorbereitet.").

Entspannen Sie mit der progressiven Muskelentspannung

Die progressive Muskelentspannung ist eine der beliebtesten und wirksamsten Entspannungstechniken unserer Zeit. Sie wurde von dem Mediziner Edmund Jacobsen entwickelt. Er fand heraus, dass innere Spannungszustände wie Angst und Stress zu einer Anspannung der willkürlichen Muskulatur des Bewegungsapparats sowie der unwillkürlichen Muskulatur innerer Organe führen. Er konnte nachweisen, dass die Herabsetzung der Muskelspannung die Gesundheit und das allgemeine Wohlbefinden des Menschen positiv beeinflusst.

Mit der Lockerung Ihrer Muskulatur können Sie sich in einen angenehmen Entspannungszustand bringen. Die progressive Muskelentspannung beruht auf dem psychophysiologischen Einheitsprinzip: Wenn sich der Körper entspannt, folgt immer auch die Psyche – und andersherum.

Hier handelt es sich um eine einfach zu erlernende Entspannungshilfe, die sowohl im Sitzen, Stehen und Liegen praktiziert werden kann. Von daher ist sie – ohne dass Dritte es bemerken – auch während der Arbeit, vor allem in Pausenzeiten gut einsetzbar.

Entspannen Sie mit der dynamischen Tiefenatmung

Schon mit der richtigen Atmung lässt sich eine körperliche und seelische Entspannung erreichen. Ein- und Ausatmen sollen ohne den Atem anzuhalten ineinander übergehen. Lernen Sie, „in alle Organe und Körperteile zu atmen". So strömt Energie bis in die Fingerspitzen. Das Blut wird stärker mit Sauerstoff versorgt, es zirkuliert schneller und ein angenehmes Gefühl von Wärme durchströmt den Körper. Sie werden sich ruhig und entspannt fühlen.

Sowohl die progressive Muskelentspannung als auch die dynamische Tiefenatmung sind ohne großen Aufwand erlernbar. Volkshochschulen oder Gesundheitszentren bieten Lehrgänge an, häufig werden solche Kurse auch in Zusammenarbeit mit den Krankenkassen veranstaltet.

Weitere Entspannungstechniken wie autogenes Training, Yoga, Qigong oder Tai-Chi sind zwar für einen Einsatz am Arbeitsplatz weniger geeignet, eignen sich aber ebenfalls sehr gut, um Stress abzubauen.

Treiben Sie regelmäßig Sport

Während eine aus übermäßiger körperlicher Belastung resultierende Ermüdung, durch Entspannung abgebaut werden kann, erholt man sich von Stress am schnellsten durch körperliche Aktivität. Diese stellt einen wirksamen Schutzmechanismus dar, der Ärger verringert und den Geist durchlüftet. Durch regelmäßige, an stressige Arbeitstage anschließende Bewegung werden im Körper Stresshormone abgebaut. Dies entspricht dem evolutionären Programm des Stressmechanismus (siehe Seite 138). Mancher Ausdauersport schafft zudem wertvolle Oasen zum Nachdenken. Obgleich körperliche Bewegung sicherlich nicht das Allheilmittel darstellt, sollten gerade gestresste Personen die Chance nutzen, die ein körperliches Training bietet. Bereits zügiges Gehen, Nordic Walking, Joggen, Inlineskaten, aber auch Tanzen, Schwimmen oder Radfahren sind geeignet. Oder Sie überlegen sich, aufgestaute Empfindungen bei einem Boxtraining abzubauen. Sicher werden Sie eine Form der körperlichen Betätigung finden, die zu Ihnen und Ihrem Alltag passt, im Sommer wie im Winter. Allerdings sollte der Spaßfaktor überwiegen und der Leistungsdruck minimal sein.

Ist eine regelmäßige sportliche Betätigung nicht möglich, nutzen Sie intensiv alltägliche Bewegungsmöglichkeiten:

- Statt des Fahrstuhls wählen Sie die Treppe.
- Statt für jede Besorgung in der Nähe das Auto zu nehmen, gehen Sie so oft es geht zu Fuß oder fahren mit dem Fahrrad.
- Statt den ganzen Tag hinter Ihrem Schreibtisch zu hocken, recken und strecken Sie sich bei geöffnetem Fenster zwischendurch immer wieder und gewöhnen sich an, in den Pausen aufzustehen und möglichst viele Schritte zu tun.

Zeit- und Selbstmanagement optimieren

Das beste Zeit- bzw. Selbstmanagement vermag aus zwei Stunden keinen halben Tag zu machen. Aber mit ihm gelingt Ihnen, Ihre vorhandene Zeit sehr viel besser zu nutzen. Ohne ein funktionierendes Zeit- sowie Selbstmanagement wachsen Ihnen die Aufgaben über den Kopf und führen zu Dauerstress. Dieses Buch enthält viele praxiserprobte Anregungen, die Sie übernehmen sollten.

Ändern Sie bisherige Einstellungen

In einer ruhigen Stunde sollten Sie überlegen, ob Sie Ihrem Wertesystem weiter folgen wollen oder ob Sie mit einer neuen Sicht der Dinge Veränderungen ins Auge fassen sollten. So haben Sie beispielsweise sehr hohe Anforderungen an sich und müssen nun erkennen, dass Ihre Leistungen nicht honoriert werden. Oder Sie merken, dass Ihr starker Ehrgeiz von Ihrer Umwelt negativ bewertet wird und Ihnen bei jeder Gelegenheit Steine in den Weg gerollt werden. Vielleicht gelangen Sie auch zu der Einsicht, dass Ihr bisheriges Aufschieben auf Dauer den Verlust Ihres Arbeitsplatzes bedeuten könnte. Vermutlich stecken Sie gegenwärtige bzw. zu erwartende Misserfolge nicht folgenlos weg, sondern stehen unter Stress. In diesen Fällen kann Ihre Neuorientierung eine Verringerung von Misserfolgserlebnissen und damit eine Reduzierung des Stresspotenzials zur Folge haben.

Die bisherigen Verhaltensweisen haben sich oft über Jahre hinweg fest eingeprägt. Eine sofortige nachhaltige Veränderung wird nur schwerlich gelingen, Ihre Geduld ist gefragt. Geben Sie den Veränderungen die Chance, sich allmählich entwickeln zu können. Versuchen Sie, jeden Tag ein Stück weiterzukommen.

Verwenden Sie positive Formulierungen

Forscher fanden in einer Studie mit mehr als 10.000 britischen Staatsangestellten heraus, dass vor allem ein Faktor die Stressempfindlichkeit beeinflusst: Je selbstbestimmter ein Mensch ist, je mehr Kontrolle er über sein Leben, seine Entscheidungen und seine Arbeit besitzt, desto weniger anfällig ist er für Stress.

„Muss-Formulierungen" weisen in die entgegengesetzte Richtung (siehe Seite 44). Wer etwas muss, übernimmt keine Verantwortung für die Situation, sondern fühlt sich als Opfer von äußeren Umständen oder Mitmenschen („Heute muss ich pünktlich sein, damit ich zuerst die Aufgabe … erledigen kann, denn später muss ich in die Besprechung mit dem Kunden … und den Abteilungsleitern."). Er meint, hilflos irgendwelchen Zwängen ausgeliefert zu sein und lässt sich schneller unterkriegen.

Eine „Will-Formulierung" („Heute will ich die Präsentation erfolgreich fertigstellen, damit ich nachmittags die wichtige A-Aufgabe … in Angriff nehmen kann.") stimmt Sie hingegen auf Ihre Eigenverantwortung und Ihr Agieren ein und lässt ausschließliches Reagieren nicht mehr zu.

Bilden Sie sich weiter

In einer Zeit, in der neue Techniken im Berufsleben immer stärker Einzug halten und Entwicklungszeiten und Produktionszyklen ständig verkürzt werden, wächst die Bedeutung einer schnellen Anpassung des Berufswissens. Die Wissensexplosion führt dazu, dass heute Gelerntes schon nach wenigen Jahren kaum mehr anwendbar ist. Deshalb ist die Bereitschaft und Fähigkeit zu ständiger Weiterbildung unverzichtbar.

Fühlen Sie sich mit Ihren beruflichen Kenntnissen auf der Höhe der Zeit, verleiht Ihnen diese Erkenntnis genügend Selbstsicherheit. Wenn allerdings ein Missverhältnis zwischen Wollen und Können vorliegt, kann dies bald zu Dauerstress führen.

Reagieren Sie sich ab

Vermutlich haben Sie schon Filmszenen gesehen, in denen Darsteller Ihrer Frustration freien Lauf lassen und ihren Stress an herumstehenden Möbeln abarbeiten. Falls Sie die Möglichkeit haben, unbeobachtet an Ihrem Arbeitsplatz Dampf abzulassen – was steht dem entgegen? Nachdem Sie ein dickes Telefonbuch in kleine Teile zerlegt, eine massive Wand wütend mit den Füßen traktiert oder mit Ihren Fäusten die Schreibtischplatte mit großer Hingabe bearbeitet haben, fühlen Sie sich sicher ein ganzes Stück besser und können sich – kaum mehr gestresst – wieder gelassen Ihrem Tagewerk zuwenden. Diese Vorgehensweise wirkt wie ein die Atmosphäre reinigendes Gewitter. Doch lassen Sie dieses Gewitter eher selten aufziehen. Kardiologen entlarven häufige Wut- und Zornausbrüche als hochgefährliche Gefühle, die das Auftreten von Herzinfarkten fördern.

6 Literaturhinweise

Baethge, Anja/Rigotti, Thomas: Arbeitsunterbrechungen und Multitasking. Dortmund, Bundesanstalt für Arbeitsschutz und Arbeitsmedizin

Birkner, Monika: Kurswechsel im Beruf. Regensburg, Walhalla Fachverlag

Fey, Gudrun: Gelassenheit siegt! Regensburg, Walhalla Fachverlag

Fiore, Neil: Warum nicht gleich? Kirchzarten, Vak Verlag

Fournies, Ferdinand F.: Warum Mitarbeiter nicht tun, was sie tun sollten. Regensburg, Walhalla Fachverlag

Graichen, Winfried U./Seiwert, Lothar J.: Das ABC der Arbeitsfreude. Offenbach, Gabal Verlag

Guderian, Claudia: Arbeitsblockaden erfolgreich überwinden. München, mvg Verlag

Jönsson, Bodil: Zeit: Wie man ein verlorenes Gut zurückgewinnt. Köln, Kiepenheuer und Witsch

Kratz, Hans-Jürgen: 30 Minuten Delegieren. Offenbach, Gabal Verlag

Kratz, Hans-Jürgen: 30 Minuten für konstruktives Kritisieren und Anerkennen. Offenbach, Gabal Verlag

Kratz, Hans-Jürgen: Ihre Antrittsrede als Chef. Regensburg, Walhalla Fachverlag

Küstenmacher, Werner Tiki: Simplify your life. Frankfurt am Main, Campus Verlag

Mackenzie, R. Alec: Die Zeitfalle. Heidelberg, Sauer Verlag

Miedaner, Talane: Coach dich selbst, sonst coacht dich keiner. Heidelberg, mvg Verlag

Radecki, Monika: Nein sagen. Freiburg i. B./Planegg, Haufe

Rowshan, Arthur: Das Stress-Handbuch. Frankfurt/Main, Zweitausendeins

Rückert, Hans-Werner: Schluss mit dem ewigen Aufschieben. Frankfurt/Main, Campus Verlag

Seiwert, Lothar J.: Wenn du es eilig hast, gehe langsam. Frankfurt/Main, Campus Verlag

Seiwert, Lothar J.: Das neue 1 x 1 des Zeitmanagements. München, Gräfe und Unzer Verlag

Seiwert, Lothar J.: 30 Minuten für deine Work-Life-Balance. Offenbach, Gabal Verlag

Vester, Frederic: Phänomen Stress. München, Deutscher Taschenbuch Verlag

Stichwortverzeichnis

Hans-Jürgen Kratz
ist erfolgreicher Fachbuchautor und veröffentlichte zahlreiche Bücher
zu den Themen Mitarbeiterführung, Selbstmanagement und Kommunikation.
Er war langjährig als Führungskraft mit unterschiedlichen Schwerpunkten
tätig. Seit 1995 arbeitete er als freier Trainer und Dozent und vermittelte sein
Wissen in mehr als 600 Seminaren.

Weitere Titel von Hans-Jürgen Kratz bei Metropolitan:

Erfolgreich führen von A–Z
Für gute Vorgesetzte und zufriedene Mitarbeiter
ISBN 978-3-96186-000-5

Chef-Checkliste Mitarbeiterführung
111 wichtige Regeln für mehr Führungskompetenz
ISBN 978-3-96186-010-4